Cynthia Elias

La Astronomía Antigua y Clásica

Cynthia Elias

La Astronomía Antigua y Clásica

Una aproximación crítica a la obra de George Sarton

Editorial Académica Española

Imprint
Any brand names and product names mentioned in this book are subject to trademark, brand or patent protection and are trademarks or registered trademarks of their respective holders. The use of brand names, product names, common names, trade names, product descriptions etc. even without a particular marking in this work is in no way to be construed to mean that such names may be regarded as unrestricted in respect of trademark and brand protection legislation and could thus be used by anyone.

Cover image: www.ingimage.com

Publisher:
Editorial Académica Española
is a trademark of
International Book Market Service Ltd., member of OmniScriptum Publishing Group
17 Meldrum Street, Beau Bassin 71504, Mauritius
Printed at: see last page
ISBN: 978-620-3-03540-7

La Astronomía antigua y clásica.

Una aproximación crítica a la obra de George Sarton

Autor: Cynthia Elías

Índice

RESUMEN 3

    Palabras Claves: 3

MARCO TEORICO...4

CAPÍTULO I..9

ASTRONOMÍA ANTIGUA 9

ASTRONOMIA DEL CERCANO ORIENTE 16

CIVILIZACION EGIPCIA 16

    El Zodíaco de Dendera: 19

    Astronomía Caldea 38

CAPÍTULO II 42

ASTRONOMÍA CLASICA 42

ASTRONOMÍA DURANTE EL SIGLO V a.C. 45

    Astronomía en los tiempos de Platón y la Academia. 48

    Astronomía en los tiempos de Aristóteles y el Liceo 50

ASTRONOMÍA EN EL SIGLO III a.C. 52

    Renacimiento Alejandrino. 52

    Escuela de Alejandría. 55

ASTRONOMÍA EN EL SIGLO II a.C. 64

CAPITULO III 70

ASTRONOMÍAS NO CONSIDERADAS POR SARTON 70

    Astronomía China 70

    Astronomía de la India 73

    Astronomía Prehispánica. 75

CAPÍTULO IV 81

GEORGE SARTON Y SU LEGADO 81

CAPITULO V 88

CALENDARIOS..88

GLOSARIO 100

ANEXO I 113

Listado de imágenes 113

BIBLIOGRAFIA..116

RESUMEN

La indagación desde el campo histórico a partir de un recorte del trabajo realizado por George Sarton (1884 – 1956) en su *"Historia de la Ciencia"*, como punto de partida, tiene por finalidad mostrar la evolución de la Astronomía como ciencia desde la Antigüedad hasta los primeros años de la era cristiana, con Claudio Ptolomeo y su "Almagesto".

Se dará cuenta de la importancia de la figura de Sarton como el padre de la historia de la ciencia y su rol de formador de historiadores en ese campo de conocimiento y la necesidad de utilizar sus trabajos en la formación de futuros profesionales.

Reseñar las astronomías no incluidas por este autor en el momento de la publicación de su obra maestra y referir los aportes a la ciencia árabe.

Se incluirá la explicación de los motivos por los que Sarton no consideraba relevante incluir en esta publicación los conocimientos astronómicos desarrollados por los pueblos chino, indio, y árabe, y nos referiremos a la importancia que debía tener en su tiempo la publicación de los artículos científicos en una revista de divulgación de la ciencia y la creación de una bibliografía que estuviera al alcance de la gente común.

Se incorporará información histórica sobre el desarrollo astronómico en períodos muy antiguos de los que Sarton no tuvo acceso, dado que fueron descubiertos y datados con posterioridad a su fallecimiento.

Se destacará durante la investigación la importancia del trabajo realizado por este historiador de la ciencia y meta - científico temprano, en cuanto al abanico de temas, disciplinas y nuevos desafíos de investigación.

Palabras Claves: ciencia, astronomía, historia, cronología, fuentes, meta-ciencias.

MARCO TEORICO

"(…) Indudablemente, la historia se hace con documentos escritos. Pero también puede hacerse, debe hacerse, sin documentos escritos si éstos no existen (…) Nuestro trabajo como historiadores es un constante esfuerzo por hacer hablar a las cosas mudas, para hacerlas decir lo que no dicen por sí mismas sobre los hombres, sobre las sociedades que las han producido (…)"

Febvre, L. (1993), Combates por la Historia, Madrid, España.

Se trabaja a partir de un recorte de **Historia de la Ciencia** de George Sarton, para dar cuenta del recorrido histórico de la Astronomía como disciplina desde la prehistoria hasta los primeros años de la era cristiana.

George Sarton (1884-1956) es considerado uno de los más eminentes historiadores de la ciencia. Físico y matemático se interesó en realizar un trabajo de innovación abarcando todas las ramas de la ciencia.

 Sarton es un hombre formado por las fuerzas del modernismo de la Belle Epoque, adoptó una concepción internacionalista y socialdemócrata de principios del siglo XX que fusionó sus intereses académicos con su pacifismo y sus programas de modernización. Colaboró con otros activistas belgas, Paul Otlet (1868 – 1944) y Henri Lafontaine (1854-1943, Premio Nobel de la Paz, 1913).

Resulta sugestivo el abordaje de Sarton de los distintos campos de conocimiento. Comienza su obra a partir de las matemáticas y va complejizando el campo cuando agrega el espacio, el número y el tiempo para penetrar en el campo mecánico, incorpora lo astronómico, físico y químico.

Las fuentes históricas son la materia prima del historiador. Se consideran como fuentes primarias a aquellas que se han producido prácticamente con los acontecimientos que se quieren conocer y llegaron hasta nuestros días sin ser transformadas (mastabas, tumbas, cenotafios, documentos, archivos eclesiásticos, papiros, tablillas babilónicas, paletas, estelas, entre otras). Las fuentes secundarias o historiográficas son las que se elaboran a partir de las fuentes primarias y llegan hasta nosotros a través de publicaciones. Sarton funda su relato sobre las segundas.

Emplea documentos analizados por egiptólogos y asiriólogos (fuentes secundarias) dado que ellos están en presencia de las fuentes originales, en cambio cuando trata la ciencia helénica sólo cuenta con fragmentos, citas, opiniones indirectas y en el mejor de los casos, obras literarias como la Ilíada.

Sarton se sirve de la cronología como esqueleto de investigación historiográfico, enfocado en la evolución de la ciencia a través del tiempo. Le da gran importancia a las fechas y a la imperfección de la documentación con que cuenta. Por este motivo la mejor manera de datar los acontecimientos egipcios y mesopotámicos es refiriéndolos a gobiernos o dinastías para evitar los anacronismos y localizar cada suceso en su momento espacio – temporal.

Acotó su historia de la ciencia dejando de lado la primitiva ciencia de la India y la ciencia china, no porque las considerara menos importantes, sino simplemente porque consideraba que carecían de sentido para los lectores occidentales. Esta selección realizada por Sarton puede vincularse con el planteo de sociólogo Maurice Halbwachs (1877 – 1945) acerca de que *recordar el pasado y escribir sobre él no constituyen prácticas inocentes (Burke, 2000)"*.

La obra **Historia de la Ciencia** de Sarton (1956) para su publicación en castellano consta de cuatro tomos. Los dos primeros abarcan la ciencia antigua hasta la Edad de Oro griega y los otros dos desde la ciencia helenística hasta los tres últimos siglos antes de Cristo.

Sarton toma de Nicolás de Condorcet (1743 – 1794) la idea de la ley fundamental del progreso del espíritu humano para mejorar moral y materialmente al hombre.

 Para Condorcet, el progreso es una herencia del conocimiento, y existe una lucha entre el saber y la superstición por un lado y entre sacerdotes y filósofos, por el otro. Según él, la humanidad ha pasado por diez edades: la de los hombres que se agrupan en poblados, la del descubrimiento de la ganadería, la del descubrimiento de la agricultura, el surgimiento de la escritura alfabética, la división de la ciencia en Grecia., la Alta Edad Media o retroceso, las cruzadas, el surgimiento de la imprenta, la ciencia y la filosofía y por último la Revolución Francesa. Esta estructura de edades es tomada en cuenta por George Sarton en sus publicaciones.

 George Sarton coincide con August Comte (1796 – 1857) en que la ciencia produce conocimientos que serán verdaderos siempre y cuando sean comprobados experimentalmente, gracias al método de investigación que introduce hipótesis teóricas. Están sometidas a un único método y deben producir ley. Es competencia del filósofo determinar criterios universales sobre los cuales se funda el conocimiento histórico. Hay una nueva relación entre la filosofía y la historia con el objetivo de romper con las especulaciones teológicas y metafísicas que dominaban la reflexión histórica.

¨Por último, diferencia ciencias *generales* (o abstractas) capaces de establecer leyes (como la filosofía) de las ciencias *particulares* que aplican esas leyes. En concordancia con el positivismo como corriente de pensamiento que jugara un importante papel en la construcción del paradigma de la historia, acuerda en que esta corriente establece nuevos objetivos para la investigación histórica en cuanto al tratamiento y abordaje de las fuentes o documentos: la crítica interna referida a los motivos, prejuicios y limitaciones del autor del documento que probablemente lo hayan instado a exagerar o distorsionar, y la crítica externa hace referencia a la autenticidad del documento, para elaborar la historicidad de la ciencia.

Según Sarton el heredero del pensamiento de Comte fue Paul Tannery (1843 – 1904), un verdadero erudito quien tuvo a su disposición una masa de trabajos de investigación histórica que no existían hasta ese momento. Ningún hombre estaba mejor preparado para escribir una historia de la ciencia completa, por lo menos de la ciencia europea.

El sueño de Tannery fue llevar adelante esta gran empresa, pero no logró concretarla por su fallecimiento, se podría decir que George Sarton retoma su trabajo.

La característica del pensamiento de Sarton supone una apertura hacia otras disciplinas y enfoques. La historia de la ciencia es un método de investigación con gran valor heurístico, pues muestra los encadenamientos y descubrimientos antiguos, y la evolución de las doctrinas científicas, además de ser un instrumento de la cultura.

El propósito de la historia de la ciencia como la concibe Sarton, es establecer la génesis y el desarrollo de los hechos e ideas científicas tomando en cuenta todos los intercambios e influencias que entran en juego en el verdadero progreso de la civilización. Es la historia de la civilización humana, considerada desde el punto de vista más elevado. El centro de interés es la evolución de la ciencia, manteniendo siempre la historia general como trasfondo. (Sarton, 1952, pp.41).

La historia de la ciencia es una educación general por sí misma. Nos familiariza con las ideas de evolución y de transformación continua de las cosas humanas, nos hace comprender la naturaleza precaria y relativa de todos nuestros conocimientos, agudiza nuestro juicio y nos muestra que, si las hazañas de la humanidad concebidas como un todo son verdaderamente grandes, la contribución de cada uno de nosotros, por importante que sea, es pequeña, y aún el más grande de nosotros ha de ser modesto. Ayuda a los científicos a no ser meros científicos, sino hombres y ciudadanos. (Sarton, 1952, pp. 59).

El mejor instrumento para estos estudios es el método comparativo[1], lo que significa que no debemos esperar lograr un grado de precisión que tal método no admite

La historia de la ciencia, si se la comprende de una manera verdaderamente filosófica ensanchará nuestro horizonte y nuestra simpatía, elevará nuestros patrones morales e intelectuales, profundizará nuestra comprensión de los hombres y de la naturaleza. Sarton se consideraba un humanista como aquellos que anhelaron una nueva atmósfera y una más amplia concepción de la vida. Su curiosidad como la de ellos, fue insaciable.

Sarton dice que su propósito era explicar el desarrollo de las ideas científicas, en el tiempo y en el espacio, la elaboración de las teorías y de las nuevas ramas de la ciencia: el conocimiento de todo el árbol y su creciente resplandor y complejidad. Es unir más íntimamente científicos y humanos, explicando a estos últimos el significado íntimo de los descubrimientos científicos y a los primeros su profunda humanidad.

La ciencia no es sino la reflexión de la naturaleza en un espejo humano. (Sarton, 1952, pp.177).

Para Adúriz Bravo los profesores de ciencias, entre ellos los de astronomía y física, han asistido a una verdadera revolución en su enseñanza ya que hoy en día discurre entre las prácticas de laboratorio, la resolución de problemas, el lenguaje científico, las nuevas tecnologías y el trabajo con las ideas previas. Vivimos una época de renovación, un intento de incorporar las llamadas meta - ciencias[2], es decir, incluir aquellas disciplinas cuyo objeto de estudio es la ciencia, entre ellas la epistemología, la historia de la ciencia, y la sociología de la ciencia.

Estas disciplinas estudian las ciencias naturales desde distintas perspectivas teóricas que atienden a cómo es el conocimiento y la actividad científica, como cambia al ciencia a lo largo del tiempo, quiénes han sido, los científicos más relevantes de la historia, que valores sostiene la comunidad científica, como se relaciona la ciencia con las demás disciplinas, como por ejemplo la tecnología, las artes y las humanidades y con formas no disciplinares de entender el mundo como el mito y la religión.

Las metas – ciencias según Bravo proporcionan una reflexión teórica potente sobre que es el conocimiento científico y como se elabora, que permite entender mejor las ciencias y sus alcances y límites.

Coincide con Sarton en cuanto a que la ciencia constituye una producción intelectual valiosa que debería formar parte de la cultura integral de los ciudadanos.

---

[1] Aproximación empírica basada en la comparación de distintas sociedades que estuvieron durante un mismo período de tiempo o compartieron condiciones culturales similares. Surgió en el siglo XVIII con Montesquieu, Voltaire, y Adam Smith.

[2] Del griego, meta que significa ir más allá.

Proveer herramientas de pensamiento y de discurso riguroso como la lógica formal ayuda a superar obstáculos en el aprendizaje de los contenidos, métodos y valores científicos. Generar materiales, recursos, enfoques y textos para diseñar la enseñanza.

A partir de aquí se detallarán las investigaciones realizadas por Sarton para profundizar la información con la que él contaba en cuanto al desarrollo de la Astronomía. También se incorporarán fuentes iconográficas e información sobre los pueblos que no consideró relevantes en el momento de la publicación del libro.

Por último se incorporará información sobre la revista que editó George Sarton como legado de su trabajo a las generaciones de investigadores e historiadores de la ciencia y la importancia de trabajar con sus textos en la formación académica de futuros docentes.

CAPÍTULO I
ASTRONOMÍA ANTIGUA

Podría decirse que la historia de la astronomía se remonta a la prehistoria, cuando el primer hombre y la primera mujer reconocieron el cielo como uno de los espectáculos más bellos de la naturaleza.

Los intervalos de luz y oscuridad, las distintas formas en que veían la Luna, los rayos y tormentas eran fenómenos misteriosos y difíciles de explicar. Los hombres de las cavernas pintaban el cielo en las paredes de sus cuevas y registraban las fases de la Luna en huesos. Los primeros astrónomos eran magos o sacerdotes y sólo usaban sus ojos para estudiar el cielo.

La Arqueoastronomía[3] contemporánea da cuenta de la existencia de registros astronómicos de más de nueve mil años de antigüedad, por lo que podríamos afirmar que la astronomía es la ciencia más antigua.

Las pinturas rupestres son los registros más antiguos de las actividades humanas sobre las paredes de las cavernas, farallones o barrancos. Las mismas datan aproximadamente de la última glaciación[4], al igual que los monumentos megalíticos, alineamientos menhires, discos, calendarios de hueso y de piedra son algunas de las tantas formas en que los primeros hombres dejaron rastros de cómo organizaban sus vidas según las regularidades de la naturaleza. Estos rastros arqueológicos fueron encontrados y estudiados luego del fallecimiento de George Sarton o en la etapa final de su carrera.

Las pinturas de las paredes de las cuevas de Chauvet (Francia, 1994), Altamira (España, 1868) y la de Nerja (España ,1959) revelan que el ser humano organizó un sistema de representación relacionado con las prácticas mágico – religiosas, ritos de fertilidad, de caza, así como también se han encontrado restos fósiles de animales extintos.

---

[3] Es la ciencia que estudia la astronomía de los pueblos de la antigüedad a partir del registro arqueológico. Es una rama de la ciencia muy compleja dado que el material de que se dispone a veces resulta difícil de interpretar.

[4] Período de larga duración en el cual baja la temperatura global y como resultado se da un avance del hielo continental de los casquetes polares y los glaciares. Las glaciaciones se subdividen en períodos glaciales, siendo la de Würn el último (80.000 A. P.) hasta nuestros días, actualmente estamos en un período post glacial.

Figura. Cuevas de Altamira, Nera y Chauvet.

La gruta de Lascaux fue descubierta en el año 1940 por Marcel Ravidat. La etno –
astrónoma Chantal Jegues – Wolkiewiez (1961) insiste que había una larga tradición
cultural de observación del cielo para los habitantes del Paleolítico Superior (30.000 –
10.000 a.C.). Propone que las pinturas rupestres de Lascaux (Francia) registraban las
constelaciones en una versión del zodíaco que incluía puntos de solsticios y estrellas
principales. Se basa en el descubrimiento de numerosos puntos y trazos superpuestos
en las pinturas de los toros, uros y caballos en las paredes de la gruta. (Fig. 1)

Figura 1. Salón de los Toros (Lascaux)

Jegues afirma que éstos corresponden a las constelaciones en particular Tauro, las
Pléyades y las estrellas Aldebarán y Antares. Propone que la mayoría de las
constelaciones están representadas por pinturas de animales con sus colores
correspondientes a las estaciones del año. (Fig. 2)

10

Figura 2. Pintura de Toros. Los puntitos indicarían las Constelaciones de Tauro, Orión y las Pléyades.

Visitó gran cantidad de sitios, identificando alineaciones solares a lo largo de las estaciones. Estas cuevas estaban orientadas para la observación del Sol poniente durante el solsticio de invierno. Mediante la simulación por computadora se pudo corroborar que los rayos del Sol durante el solsticio de verano iluminaban la pintura del Toro Rojo en la pared del Salón de los Toros en Lascaux hace más de 17.000 años

Michel Rappengluck señalo que las marcas yuxtapuestas en la pintura del toro, delinean la constelación de Tauro. La constelación de las Pléyades[5] es considerada un marcador estacional para indicar los equinoccios de otoño y primavera. Estas figuras forman un mapa del cielo en los ojos del toro, el hombre y el ave representan las tres estrellas prominentes Vega, Deneb y Altaír que formar el "Triángulo de Verano", que se puede observar en los meses de verano en el Hemisferio Norte. (Fig.3)

Figura 3. Pintura El Eje del Hombre Muerto.

Aproximadamente en el 8700 antes de Cristo en Carnac (actual Francia) aparece una alineación de bloques de piedras o menhires, a lo largo de 4km con la salida del Sol en las fechas en que debe comenzar la siembra.

---

[5] Se la representa en su posición relativa en el cielo sobre el hombro del toro.

Los alineamientos megalíticos de Le Menec, Petit Menec, Kerlescan y Kemario poseen menhires en hileras orientados hacia los puntos solsticiales y equinocciales de salida del Sol, creando así un calendario que permitía predecir la vida agrícola.

Cerca del Lago Turkana, en la localidad de Ishago (África ecuatorial), el geólogo Jean Heinzelin (1920 – 1998) encontró alrededor del año 1960, diversos artefactos del Mesolítico (8.500 a.C.) entre ellos un hueso con incisiones sobre tres de sus lados, en uno de cuyos extremos había ensamblado un trozo de cuarzo. (Fig. 4)

Las incisiones estaban compuestas por 16 grupos de muescas, que fueron interpretadas por los arqueólogos como series aritméticas.

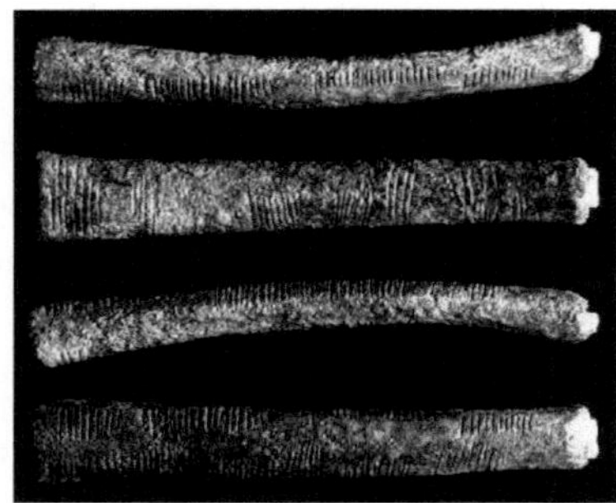

Figura 4. Hueso de Ishango. www.lapizarradigitalextrada.wordpress.com

Alexander Marshack (1918 – 2004) de la Universidad de Harvard (Museo Peabody) demostró que las 168 incisiones que aparecen en el hueso de Ishango forman grupos dispuestos de manera tal que permiten contar los días en que se suceden las fases lunares[6]. En Europa estudió otros huesos todavía más antiguos: el de Kulna procedente de Checoslovaquia y el de Gontzi proveniente de Ucrania, ambos pertenecientes al Paleolítico Superior[7].

En Abri Blanchard (Les Eyzies Tayac, Francia) datado en torno al 30.000 a.C. se encontró un hueso que presenta por un lado 69 incisiones efectuadas con utensillos diferentes y cada grupo aparece repasado en varias ocasiones y en distintos períodos. (Fig.5)

---

[6] Las incisiones podrían representar una secuencia de días que abarcan un poco más de cinco meses y medio.

[7] Las incisiones halladas en el de Kulna son similares a las observadas en el de Ishango con la diferencia que consta de tres grupos de entre 15 y 16 incisiones que indican períodos en torno al mes y medio, en cambio en el de Gontzi presenta una secuencia de incisiones que evocan períodos de cuatro meses de duración.

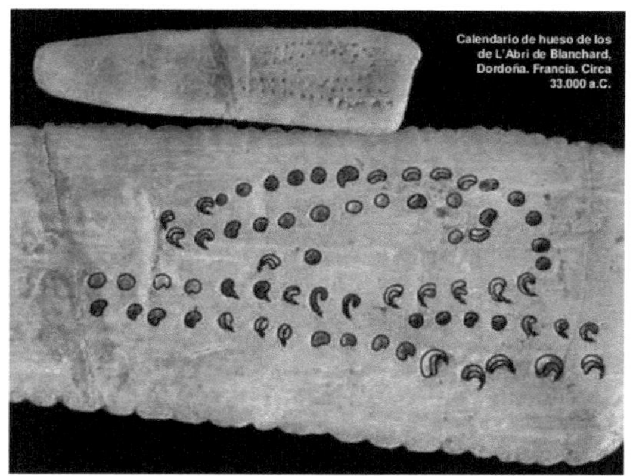

Figura 5. Hueso de L' Abri de Blabchard. www. prehistorialdia.blogspot.com

Otro hueso encontrado en la misma zona fue el de Abri Lartet presenta incisiones de 29 o 30 signos prácticamente los días en que consta cada lunación. (Fig.6)

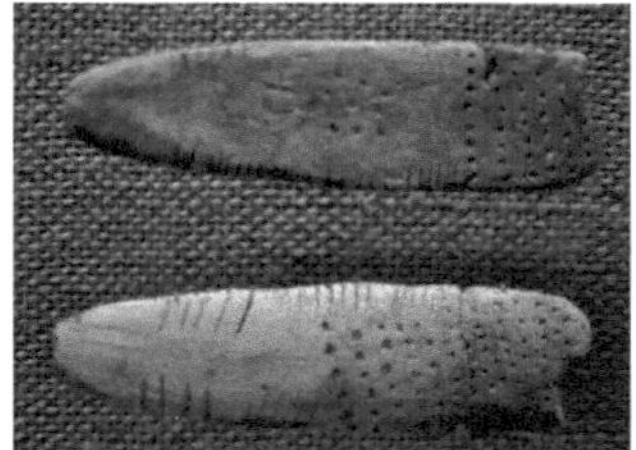

Figura 6. Hueso Lartet. Slide Share.

Según Marshack estas incisiones pueden representar una forma de medir el tiempo, una especie de calendario. Probablemente servían para contar en base a la Luna, los días y los meses que los cazadores del paleolítico pasaban fuera de su hogar durante las largas partidas de caza o bien eran los días que faltaban para el nacimiento de un niño.

Estos huesos son los primeros testimonios del registro del tiempo mediante la observación de la Luna.

El círculo de Groseck se encuentra en el distrito de Weissenfels (Estado de Sajonia – Anhalt, Alemania). Este sitio arqueológico fue descubierto a partir de fotografías aéreas de un campo de trigo en 1992. (Fig. 7)

Figura 7. Circulo de Groseck. www.lafactoriahistórica.wordpress.com

Su importancia reside en ser, al mismo tiempo, el observatorio solar de Europa y templo megalítico más antiguo de Europa Central, que deja evidencia de la observación del cielo durante el neolítico y la edad de bronce.

François Bertemes (1958) junto a su colega Peter Biehl, arqueólogos iniciaron la excavación en el 2002 cuando combinaron la evidencia de las observaciones con GPS, notaron que las dos aberturas del sur marcaban el amanecer y el ocaso de los solsticios de invierno y verano. La datación del sitio se basó en termoluminiscencia[8] de las cerámicas encontradas en el lugar, esto indica que fue erigido alrededor del 4.900 a.C.[9] así como también se utilizó el radiocarbono. Este sitio se destinó para observaciones astronómicas, y para cálculos de calendario pudiendo así armonizar el calendario lunar y solar con un sentido más práctico. También se encontraron restos de animales y humanos pudiendo suponer que también se utilizaba con fines rituales.

El disco de Nebra (1991) se encontró a unos 25 kilómetros de distancia del sitio de Groseck. El dispositivo consiste en un disco de bronce con representaciones estilizadas del Sol, la Luna, las estrellas y el grupo de las Pléyades. Data de aproximadamente el 1.600 a.C. (Fig.8)

---

[8] Método de datación absoluta para determinar la edad de los elementos cerámicos mediante el uso del calor.
[9] Consistía en cuatro círculos concéntricos: dos externos o depresiones y dos internos o fosos. Había tres portales orientados al suroeste, sudeste y norte. En el solsticio de invierno (21 de diciembre) la trayectoria del Sol (este- oeste) podía ir acompañada por un observador colocado en el centro del círculo, frente a las puertas del sureste y suroeste respectivamente.

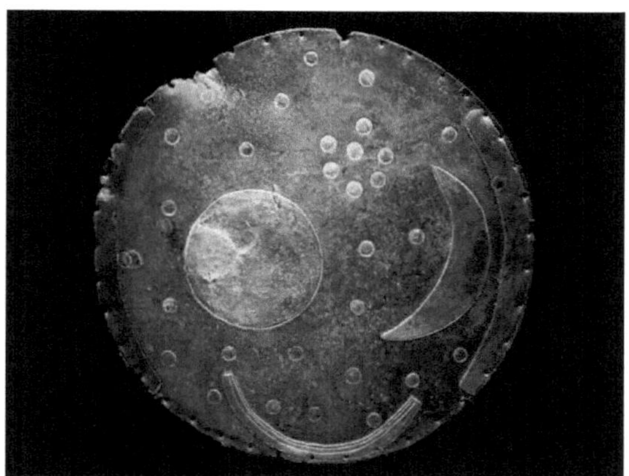

Figura 8. Disco de Nebra. www.lafactoriahistorica.wordpress.com

En varios puntos de Inglaterra hay monumentos megalíticos orientados para marcar el curso de las estaciones Existen dos tipos de observatorios: en los más antiguos, las líneas de la mira de los puntos del horizonte están representados por, una línea que une los centros de los círculos de piedra o bien el centro de un círculo y un menhir lejano. En los más recientes, desde una piedra que a menudo tiene una pared achatada es posible orientar la vista sobre el plano y divisar un accidente del paisaje, valle o una cumbre para utilizarse como punto de referencia lejano y permite indicar de manera muy precisa el punto del horizonte donde aparece el 1° rayo de Sol naciente en determinada fecha del año.

El Stonehege[10] es el sitio arqueológico más estudiado de Inglaterra. Es un círculo inmensas piedras grises que descansan sobre una colina en un área desolada de campo abierto conocida como la llanura de Salisbury en el condado de Wiltshire a media hora de Londres. (Fig.9)

Figura 9. Stonehege. www.BBC.com

---

[10] Stonehege: Stone: roca y Henge: monumento con borde circular.

Astrónomos de las culturas megalíticas tuvieron unos conocimientos realmente sorprendentes de los movimientos de los astros, matemática y la geometría. Algunos de los círculos de piedra fueron erigidos de modo que señalasen la salida y puesta del Sol y de la Luna en momentos específicos del año. Los cambios de posición de la Luna, entre la Luna Llena y la siguiente. Su utilización como instrumento astronómico permitió al hombre megalítico realizar un calendario bastante preciso y predecir eventos celestes como eclipses lunares y solares, solsticios y equinoccios. Este calendario era bastante seguro y un requisito esencial para el asentamiento de las comunidades agrícolas luego del último período glaciar.

En Escocia en la península de Kyntyre, se encuentra la alineación de menhires de Ballochroy. El monumento está formado por una tumba y tres menhires colocados sobre la prolongación de su eje, de los cuales el central es achatado y permite indicar con precisión un punto particular del horizonte. La alineación de la tumba y las piedras apuntan exactamente hacia la puesta del Sol en el solsticio invernal, mirando en cambio a lo largo de la cara plana de la piedra, se divisa el pico de Corra Beinn, situado a 30 km de distancia en la Isla Jura. En esa dirección, en el solsticio estival hacia el año 1600 a.C. el Sol se ponía detrás de la cumbre para reaparecer segundos después y por breves instantes en el fondo del valle. Este último destello de luz permitía determinar con gran precisión la fecha del solsticio. Ballochroy constituía un calendario sumamente preciso.

Otros monumentos que permitían observar y registrar las puestas del Sol en determinadas fechas significativas del año podemos mencionar: uno similar al de Ballochroy es el de Kintraw, tumbas orientadas como la de West Kennett Long Barrow en Silbury Hill exactamente sobre la línea equinoccial (dirección este – oeste) y el monumento megalítico de Clava Caims que señala exactamente la puesta de Sol en el solsticio.

ASTRONOMIA DEL CERCANO ORIENTE

CIVILIZACION EGIPCIA

Los egipcios estaban familiarizados con las estrellas, pues su atmósfera diáfana y la frescura del clima nocturno los invitaba a contemplarlo. Advirtieron que las estrellas aparecían en forma desigual y formaban grupos reconocibles o formas que denominaron constelaciones. Su fantasía mitológica fue la de concebir el cielo como rodeado por el cuerpo de la diosa del cielo Nut que se apoyaba en sus manos y pies, sostenida por Shu, dios del aire[11]. (Fig. 10)

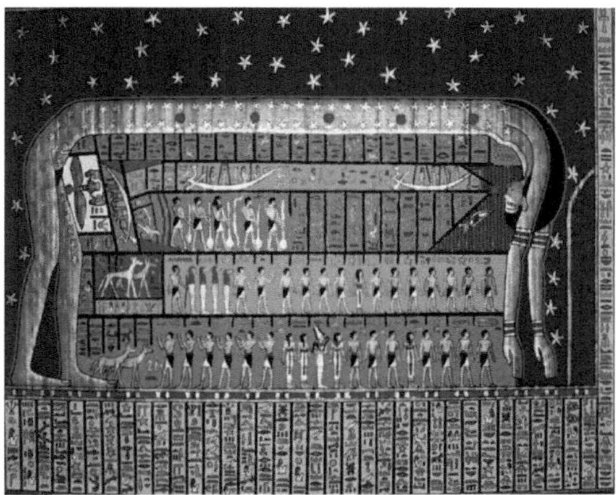

Figura 10: La diosa del cielo, Nut, presentada como la bóveda celeste, sostenida por el dios del aire Shu, y el dios de la tierra, Geb, a sus pies. Papiro de Deir el-Bahri.

Nut da nacimiento todos los días al Sol y a las estrellas. Sobre su cuerpo están los nombres de los decanos y debajo de ella, así como sus brazos y piernas aparecen los días y los meses en que se produce la salida, culminación y puesta de la constelación correspondiente.

El Dios de la Tierra Geb está acostado en el suelo. El Dios Shu aparece en el centro después de levantar a Nut con sus dos manos. (Fig. 11)

---

[11] Figura colosal de Nut, diosa del cielo sostenida por Shu, dios del aire. Nut da nacimiento todos los días al Sol y a las estrellas. Sobre su cuerpo están los nombres de decanos y debajo de ella, así como sus brazos y piernas aparecen los días y meses en que se produce la salida, culminación y puesta de la constelación correspondiente. (Cenotafio de Seti I, Dinastía XIX)

Una alegoría similar puede observarse en la tumba de Ramsés IV (Dinastía XX) en Tebas. Los egipcios creían que durante el día el Sol viajaba en su barca a lo largo del río celestial, sobre el cuerpo de Nut. Por la noche la barca del Sol era remolcada por un cortejo de dioses" las estrellas que no conocen fatiga", dentro del cuerpo de la diosa del cielo. (Fig.12)

Figura 12. Libro de Nut en el techo de la Cámara Sepulcral de Ramsés IV en el Valle de los Reyes.

La constelación más extensa, la de Knekht insume seis horas en cruzar el meridiano. Para facilitar las referencias dividieron en 36 partes una faja ancha a lo largo del Ecuador, cada una de las cuales contenía las estrellas y constelaciones más importantes cuya salida y puesta podía ser observada durante diez días sucesivos o décadas (he_ decas), por lo cual cada grupo de estrellas fue llamado **decano**.

Los sacerdotes se dan cuenta que la estrella Sirio o Sothis o "estrella de Isis" surgía al amanecer en el solsticio de verano o salida helíaca u orto helíaco, que anunciaba el desborde anual del Nilo y el comienzo del año nuevo. Este es el acontecimiento más importante en la vida de Egipto, dado que del desborde dependía la actividad agrícola y, por ende, prosperidad de su pueblo.

El mar de los egipcios, no fue el Mediterráneo sino el propio Nilo. Egipto fue algo así como "un gran oasis fluvial en medio del desierto" (Sarton, pág. 26).

El año astronómico comenzada al día siguiente del año civil (primer día del mes de Thot) con la salida helíaca de Sothis. El año civil tenía una duración de 365 días mientras que la salida helíaca de Sothis se repetía después de un período de 365 y ¼ días aproximadamente[12].

---

[12] Los egipcios trataron de medir el tiempo con el auxilio de la Luna, descubriendo discrepancias. Al relacionarlo con el ceremonial religioso, lo adaptaron fácilmente y lo transformaron en un calendario solar de 12 meses de 3 décadas cada uno, correspondiente a los 36 decanos, y agregaron una estación de 5 días feriados.

La capacidad astronómica de los egipcios se comprueba no sólo por su calendario, las tablas de culminación de estrellas y tablas de salida. También los instrumentos, como el ingenioso reloj de sol o gnomón o la combinación de la plomada con la varilla y horquilla, que permitía calcular el azimut de una estrella.

El Zodíaco de Dendera:

Si se remonta el Nilo desde El Cairo hacia Luxor, a los 26°LN se pasa por la ciudad de Qena en cuyas cercanías se encuentra Dendera, una de las ciudades más antiguas de Egipto.

El templo estaba dedicado a Hathor, diosa del placer y del amor que los griegos identificaron como Afrodita y para exaltarla, se había erigido un templo en su honor. Fue construido hacia finales de la era Ptolemaica durante el gobierno de Augusto (Roma). (Fig. 13)

Figura 13. Templo de Hathor en Dendera

Sobre el cielorraso de una de las cámaras del templo, aparecen todas las constelaciones, llamadas generalmente Zodíaco de Dendera[13]. (Fig. 14)

---

[13] Esculpido en el techo de la pronaos o pórtico de la cámara dedicada a Osiris en el templo de Hathor. Bajorrelieve de 1,55 metros de diámetro.

Figura 14. Cielorraso del Templo de Hathor en Dendera.

Juan Antonio Belmonte (1962), astrofísico, realizó estudios sobre las orientaciones varios templos egipcios. En el caso del templo de Hathor en Dendera según una inscripción que revela cómo se alineó el templo durante el ritual fundacional:

"El rey de las Dos Tierras ha estirado la cuerda con satisfacción, y con su vista hacia akh Meskhetiu, ha establecido la casa de la diosa, la señora de Dendera" (**Shaltout y Belmonte 2005; Lull** 2006).

El akh de Meskhetiun (UMa) corresponde a la estrella Alkaid, cuyo orto tenía lugar a un azimut de 18° en la época en que se construyó el templo de Hathor lo cual oficializó este hecho al alinearse con la estrella. (Fig. 15)

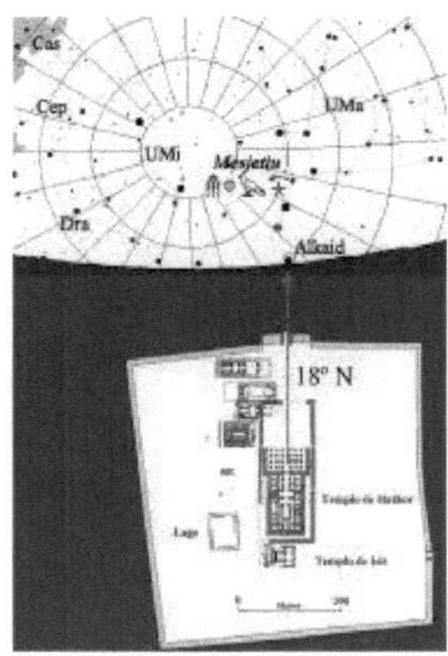

Figura 15. Templo de Hathor en Dendera. Alineación con el orto de la estrella Alkaid. Siglo I a. C. Lull 2006.

El zodíaco o planisferio de Dendera se remonta a la época de Ptolomeo XII o de Cleopatra VII, a mediados del siglo I a.C. Es la única representación a modo de planisferio circular que nos ha legado Egipto. (Fig. 16)

Figura 16. Zodíaco de Dendera. Distribución de las constelaciones y decanos e inclinación de la eclíptica.

El borde interior del círculo del zodíaco está ocupado por las 36 constelaciones decanales egipcias, conformando un círculo graduado. Las constelaciones zodiacales, no pueden ser representadas todas a la misma distancia del centro del planisferio (polo norte celeste), es decir, no están a una misma declinación del planisferio. La declinación más baja en el planisferio de Dendera la tiene Aquarius y la más alta Cáncer, en el lado opuesto, en el siglo I cuando se construyó el planisferio.

El planisferio de Dendera incluye los cinco planetas visibles a simple vista en la antigüedad, identificados con facilidad, dado que aparecen sus nombres escritos en caracteres jeroglíficos. Así Mercurio se encuentra entre Virgo (Vir) y Leo, Venus entre Pisces (Psc) y Aquarius (Aqr), Marte en Capricornius (Cap), Júpiter en Cáncer (Can) y Saturno entre Virgo (Vir) y Libra (Lib).

Hay constelaciones de tradición egipcia, como la constelación boreal de Meshetiu, Isis – Djament, la azada de Upuaut (Osa Menor) y muchas otras de tradición babilónica y griega, especialmente las zodiacales.

Los egipcios intentaron asimilar las nuevas agrupaciones de estrellas adaptando su iconografía a formas más fácilmente reconocibles en su contexto.

Aquarius aparece como el dios Hapy vertiendo las aguas de la inundación sobre un pez que corresponde a **Piscis Austrinus** o a su estrella principal **Alfa PsA Fomalhaut,**

o **Gemini** aparece no como Castor y Pollux sino como los hermanos egipcios Shu y Tefnut.

En un intento por no eliminar por completo la iconografía de una constelación típicamente egipcia tomaron la determinación de mantener las dos formas. Un ejemplo es **Sagittarius,** un centauro o sátiro ajeno a la tradición egipcia coincide en la bóveda celeste con una de las pocas constelaciones egipcias representadas desde el Imperio Nuevo, la de **Wia** (la barca).

Se supone que Wia era muy importante para los egipcios, dado que decidieron conservar su imagen colocándola junto a Sagittarius (debajo de las patas delanteras de Sgr, en Dendera). (Fig.17)

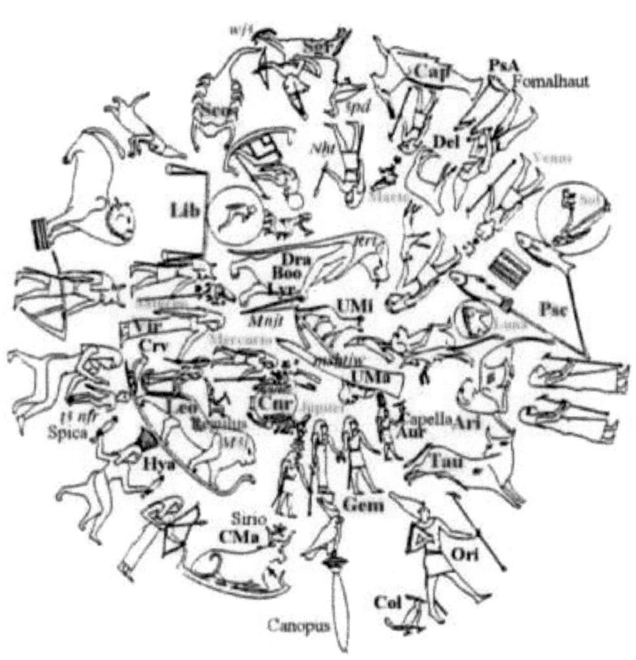

Figura 17. Zodíaco de Dendera. Principales constelaciones, estrellas y planetas.

Figura 18. Zodíaco de Dendera

Según Sarton, el zodíaco de Dendera, es el último monumento astronómico de Egipto. Es el único resto de su género encerrado en un círculo. (Fig. 18)

Alineaciones

El templo de Ramses II en Abu Simbel muestra un fenómeno muy interesante que se repite los 21 de octubre y los 21 de febrero. (Fig.19)

Figura 19. Templo de Abu Simbel.

Los primeros rayos del Sol ingresan en el templo hasta proyectarse a más 60 metros en el interior de una cámara en donde se encuentran las figuras de Ptah, Amón – Ra, Ramses II y Ra- Horus- del Horizonte (de izquierda a derecha).

El Sol comienza a iluminar a Amón –Ra (dios solar), sigue con Ramses II ("nacido de Ra"), y por último con Ra-Horus del Horizonte (otro dios solar), no iluminando a Path, pues este es el dios relacionados con el más allá y es representado con el cuerpo vendado modo de momia. (Fig. 20)

Figura 20. Santuario en el Templo de Abu Simbel.

Las dos alineaciones anuales coincidían con el comienzo de dos de las tres estaciones del año egipcio, en la época de Ramses II.

El Templo de Hatshepsut contiene dos alineaciones solares. La primera coincide con el eje longitudinal del recinto, que se alinea con el amanecer en el solsticio de invierno. (Fig. 21)

Figura 21. Templo de Hatsheput. Egipto 8134 – 8 -2018. Flickr

Esta orientación astronómica es idéntica a la de otros edificios tebanos, como el de Karnak o el de Mentuhotep. La segunda alineación, a través de un complejo sistema de cajas de luz, señala el orto solar entre los días 31 de enero y 1 de febrero, así como entre los días 10 y 11 de noviembre. La alineación solsticial guarda relación con la fusión de la constelación egipcia del Carnero con el Sol, originando a Amón-Ra, padre celestial de Hatshepsut, manifestándose en la teogamia. Nueve meses más tarde, en el equinoccio de otoño, la Bella Fiesta de Opet marcaría el parto faraónico. En cuanto a la alineación del 1 de febrero, se trataría de un marcador de la fecha en que Amón-Ra pronunció el famoso oráculo que entronizó a Hatshepsut como mujer faraón.

Las pirámides tienen un claro simbolismo astronómico, todas sus entradas se sitúan en el lado norte, para permitir que los akhu[14] de los difuntos faraones pudieran dirigirse hacia las estrellas circumpolares, pues estas representaban la inmortalidad (Lull, 2006; 284,285).

La construcción de la Gran Pirámide de Gizeh se remonta al año 2800 a.C. aproximadamente y está orientada hacia el "Cinturón de Orión". Construida de manera tal que sus lados se orienten hacia los cuatro puntos cardinales y de modo que el reflejo de las sombras marcará con exactitud cronométrica los puntos esenciales del año solar, dando las fechas exactas de equinoccios y solsticios. (Fig. 22)

Figura 22. Necrópolis de Guiza.

Una de las alineaciones más interesantes es la que se producía a través de dos orificios del *serdab*[15] del rey Netjerhebet en el lado norte de su pirámide, pues a través de ellos el difunto faraón podía observar las estrellas Kochab (B UMi) y Dubhe (alfa UMa),

---

[14] Especie de espíritus.
[15] Habitación para la estatua del ka del difunto.

en la simbología egipcia representan los extremos de unos instrumentos utilizados en el ritual de la apertura de la boca, que servía para proporcionar el aliento de la vida al difunto y que en el cielo egipcio podían haber quedado plasmado en las constelaciones de Osa Mayor y Osa Menor.

Observación y registro planetas, eclipses, cometas y estrellas.

Desde el Imperio Medio, hace aproximadamente 4000 años, existen documentos donde aparecen mencionados los cinco planetas observables: Mercurio, Venus, Marte, Júpiter y Saturno.

Mercurio era conocido como **Sebegu.** Generalmente el nombre del planeta va acompañado de la figura del dios Seth, siendo éste el único planeta que se relaciona con esta divinidad.

"Seth en el crepúsculo vespertino, un dios en el crepúsculo matutino".[16]

Los egipcios habían reconocido a Mercurio como la misma estrella que se observa unas veces al amanecer y otras al anochecer, al menos desde el Reinado de Ramses II.

En los Textos de las Pirámides[17], numerosas formulas hacen mención de un astro denominado "el dios de la mañana" o "estrella de la mañana". Ese nombre nos recuerda nuestro "lucero del alba", el Planeta Venus. Desde el punto de vista astronómico, Krauss (1997), llegó a la conclusión de que Venus es el planeta nombrado por los egipcios como "estrella matutina".

Venus suele representarse como una personificación del pájaro **benu** en los techos astronómicos del Imperio Nuevo, aunque en época tardía aparece como un dios bicéfalo o bifronte, probablemente porque como Mercurio tiene dos aspectos (matutino y vespertino) ambos diferenciados y a la vez identificados como dos formas del mismo

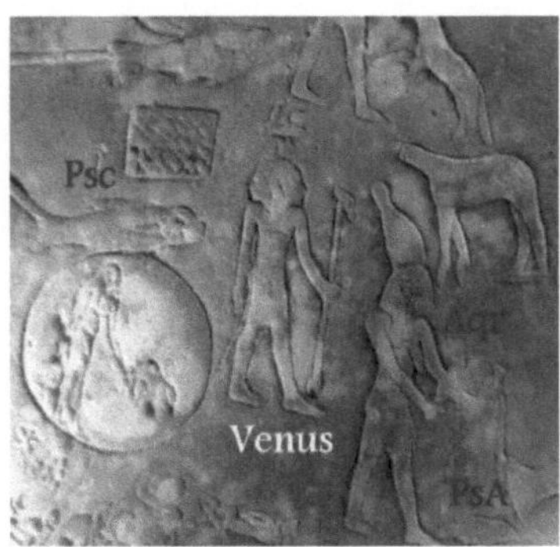

Figura 23. Venus bifronte entre Pisis y Aquarius, en el zodíaco de Dendera.

---

[16] Texto de las Pirámides.
[17] Compendio religioso.

astro.

Hasta la dinastía XXX Marte fue conocido como *"Horus del Horizonte"*, si bien desde la época ptolemaica (323– 30 a. C.) pasó a denominarse *"Horus Rojo"*. Este nombre define la característica visual más sobresaliente de este astro, su color. También era designado como *"el que viaja hacia atrás"*, nombre que describe las cualidades del movimiento aparente del planeta sobre el fondo estrellado.

Marte es una forma de *"Dios Horus"* representado de pie sobre una barca, con cuerpo humano y cabeza de halcón, usualmente coronada con una estrella.

Júpiter era conocido como *"Horus, el que une las Dos Tierras"*, o *"Horus, misterio de las Dos Tierras"* como forma del dios Horus, Júpiter aparece representado de manera idéntica que Saturno con nombres como *"Horus* toro *de cielo"*. Generalmente Saturno era representado como una divinidad antropomorfa hieracocefálica.

El Papiro BM13588 [18] menciona el único eclipse conocido, también se hace mención a un sacerdote llamado Amasis, que escuchó en la ciudad egipcia de Tjeben:

> *"El cielo se tragó el disco solar cuando él fue llevado a la sala de embalsamamiento, en el que el cuerpo del rey Psamético[19] debía ser preparado para el enterramiento"*.

Los egipcios asociaban a desgracias la observación de eclipses, que por ser inesperados podían tomarse como manifestaciones de ruptura del orden cósmico.

En el Cuento del Náufrago[20] parece reconocerse la mención de un meteoro que llega a superar la fricción atmosférica causando la muerte de muchos seres vivos.

El los "Textos de las Pirámides" se hace mención a ciertas estrellas y constelaciones egipcias, como *Sah* (Orión) y *Sepedet* (Siro), la mayor cantidad de información que llegó hasta nuestros días data del Primer Período Intermedio e Imperio Medio, pues los relojes diagonales mencionan casi un centenar de estrellas.

En el Imperio Nuevo se incrementa el número y variedad de documentos de carácter astronómico. Así contamos con los techos astronómicos que contienen no sólo listas de decanos, sino también representaciones de algunas constelaciones. Otras fuentes de información son los relojes decanales, los relojes ramésidas y en la época ptolemaica: techos, sarcófagos y clepsidras (Lull y Balmonte, 2015.

---

[18] Papiro demótico de Berlín

[19] Psamético o Psamético I fundador de la dinastía XXVI, y el eclipse referido es parcial de Sol el 30 de septiembre del 610 a.C. por lo que la muerte del faraón debió acontecer entre finales de julio, agosto y septiembre de aquel año. El cadáver del difunto monarca se hallaba aún en la sala de embalsamamiento.

[20] Texto literario egipcio.

La constelación **Meskhetiu**, con forma de toro o pata de toro, correspondiente a las estrellas principales de la **Constelación Osa Mayor.**

En el techo astronómico de **Senenmut** (fig.24) se observa como la tercera estrella que forma la cola de esta constelación está coloreada de rojo y circundada, a su vez, por otro círculo rojo. Se trata de **Alkaid** (85 Osa Mayor), que sirvió de referencia a los egipcios para establecer algunas alineaciones astronómicas.

Asociada a **Meskhetiu** hallamos la **Constelación Anu,** que se muestra como una divinidad con cabeza de halcón sosteniendo una lanza con la que arponea la figura del toro Meskhetiu. Anu podría desarrollarse entre **Cannes Ventatici, Osa Mayor, Leo Menor y Lynx.**

La **Constelación Isis - Djamet,** la más representativa del Imperio Nuevo, con forma de hipopótamo hembra a la que se le suma un cocodrilo a la espalda, presidiendo el cielo boreal junto a Meskhetiu.

Anu simboliza al halcón Horus durante el combate con su tío Seth y en el *"Libro de la Noche"* compilado durante la época ramésida hay un pasaje combinado con un texto del *"pequeño papiro Jumilhac"* muestra a quiénes representan dichas constelaciones:

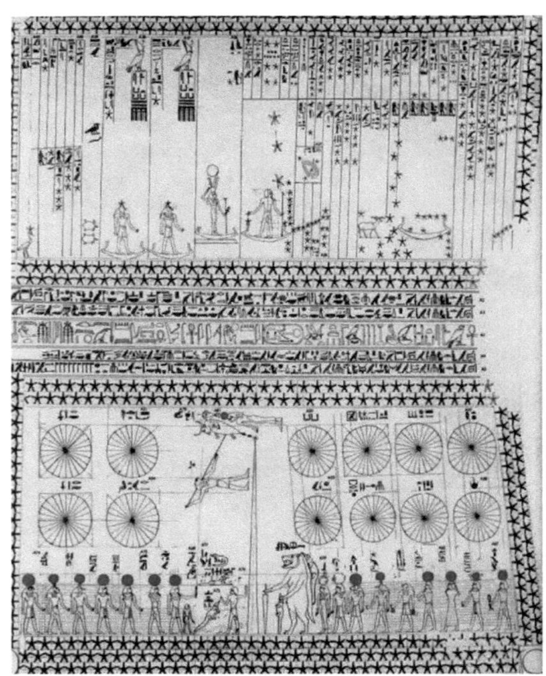

Figura 24. La constelación de Meshetiu y la de Anu en el techo astronómico de Senenmut. Tumba TT353

Leo es una de las pocas constelaciones que el observador puede reconocer fácilmente la forma del animal que simboliza. En los techos de Seti I, al león se asocia un pájaro del Zodíaco de Dendera.

Figura 25. Constelaciones boreales representadas en el techo astronómico de Seti I.

Los egipcios registraron cúmulos abiertos y algunos de los objetos visibles con aspecto nebular, como la galaxia **M31**. Estos objetos de apariencia nebular recibieron el nombre de Khet "cúmulo" por los egipcios y fueron numerados en orden de Ascensión Recto en la lista de los techos astronómicos. Nos encontramos así con un tipo de objeto que los egipcios quisieron diferenciar del resto de las estrellas.

El llamado tercer cúmulo podría coincidir con la **constelación Delphinus,** el cuarto cúmulo con la **galaxia Andrómeda,** el quinto cúmulo conocido por los egipcios como **Khau** "los miles". El sexto cúmulo podría asociarse con las **Híades** y el cúmulo llamado **Neseru,** con **M44** (el Pesebre, en Cáncer) o **IC 2602** (Eta Carinae).

Medición del Tiempo

Los más antiguos relojes astronómicos egipcios datan del Primer Período Intermedio e Imperio Nuevo, hace aproximadamente 4000 años antes del presente. En los textos de las Pirámides muestran que ya en el Imperio Antiguo tenían desarrollado un sistema de decanos horarios, series de estrellas que les servían para medir las horas de la noche a lo largo de todo el año.

Los egipcios establecieron un sistema de 36 decanos, uno por cada semana del año civil[21], más 12 decanos utilizados durante los días epagómenos con los que cerraban el año sumando 365 días.

Los relojes estelares diagonales que llegaron hasta nosotros proceden de tapas de ataúdes de las dinastías IX a XII (Neugebauer 1960). En ellos los decanos aparecen listados en serie de doce, por columnas, repartidos en 36 décadas. El final de la duodécima hora de la noche quedaba marcado por el orto helíaco de su decano, al que seguían las primeras luces del día. Cada decano marca una hora concreta de la noche durante un período de diez días. Cuando el Sol se oculta y se hacen visibles las estrellas, el primer decano de cada columna, el que marca la primera hora de la noche durante esa década e visible sobre el horizonte oriental.

La primera hora era necesariamente más corta según pasaban los días, pues debemos tener en cuenta que las estrellas salen cada día unos cuatro minutos antes que la noche anterior. La segunda hora de la noche acababa cuando salía el siguiente decano y así sucesivamente hasta el crepúsculo matutino, en el 12° decano de la noche deja de ser visible.

El funcionamiento es sencillo y se basa en la observación de los ortos de determinadas estrellas o grupos de estrellas[22] cuya separación angular respecto al decano precedente y posterior está suficientemente equilibrada como para organizarla división en 12 horas de la noche en partes más o menos iguales.

Figura 26. Parte de la lista decanal de un reloj estelar diagonal de la dinastía XI. Roemer and Pelizaneus Museum de Hildesheim

---

[21] Las semanas egipcias eran de diez días cada una.
[22] Los decanos.

Eso sí, dado que en verano hay menos hora de oscuridad que en invierno, la secuencia de 12 decano que dan las horas de verano debe estar formada por estrellas más cercanas angularmente entre sí, mientras que la secuencia de los decanos de invierno debía apoyarse en estrella separadas por más grados.

Durante el Imperio Medio los egipcios comenzaron a desarrollar un sistema nuevo de medición de las horas de la noche, los relojes de tránsito decanal, usando las mismas estrellas. Si el reloj estelar diagonal se basaba en la observación de la salida de los decanos por el horizonte oriental, el nuevo método iba a seguir el paso de éstos ir el meridiano central. Este método parece más preciso, pues elimina las condiciones atmosféricas al nivel del horizonte. La exactitud con la que los egipcios podían medir el paso de una estrella por el meridiano era limitada, pues los instrumentos que utilizaban, como el bay y el merkhyt [23]que dependían de la pericia del observador (figura 26).

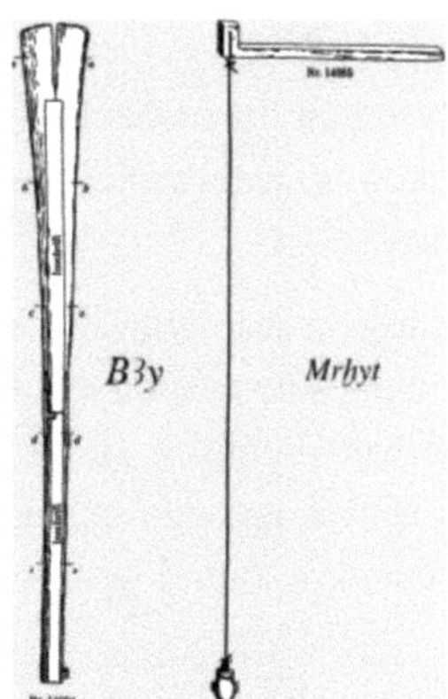

Figura 27. Instrumento Bay y Merkhyt.

Los relojes de tránsito decanal aparecen en algunas tumbas y cenotafios del Imperio Nuevo, formando parte del Libro de Nut[24], llamado así porque se desarrolla alrededor de una representación de la diosa del cielo Nut. Entre ellos el cenotafio de Seti I en Abidos y el de la tumba de Ramses IV en Valle de los Reyes.

Según el Libro de Nut, la primera hora es señalada por el día en que el decano empieza su trabajo como marcador de a primera hora de la noche tras 120 días de operatividad desde que había comenzado a señalar la última de la noche, marcando la hora al cruzar el meridiano central. El momento "encerrado por la duat" señala el día en que el decano entra en conjunción con el Sol y deja de ser visible por la noche, 90 días después de

---

[23] Bay es un instrumento formado por una mira y merhyt es básicamente una plomada.
[24] Compendio de textos mitológicos y astronómico.

que el decano finalizase su trabajo como marcador de la primera hora. Finalmente, el "nacimiento" indica el orto helíaco del decano, 70 días después de ser cerrado por la duat (estar en conjunción). Desde ese instante el decano pasa 80 días en el horizonte oriental matutino hasta que su culminación sea observada por primera vez en el alba, señalando la duodécima hora de la noche. Este formato de observación evidencia el empleo de un año esquemático de 360 días.

Durante el Imperio Nuevo encontramos otro método de contabilizar las horas de la noche, basado principalmente en el reloj de tránsito decanal, en la observación de la culminación de los decanos. La información astronómica era repartida en 24 tablas, dos por cada mes, en cada una de las cuales se listaba la posición de 13 estrellas decanales, con la primera estrella como marcadora de la primera hora de la noche.

Cada una de las tablas podía ir acompañada de la figura de un hombre sentado visto de frente, con una red de 7 líneas verticales y 13 horizontales sobre él. La línea vertical central, que en muchas ocasiones se hacía coincidir con la vertical de la nariz de la figura, representará el meridiano central.

Las otras 6 líneas verticales representan líneas de tránsito, anteriores o posteriores a la del meridiano central y tomaban como referencia la vertical sobre partes del cuerpo como los ojos, las orejas y hombros.

En cuanto a las líneas horizontales, la primera de ellas informa del comienzo de la noche, mientras que las doce siguientes corresponden a las doce horas de la noche, con el nombre de las estrellas que las dictan y su posición respecto al sistema de coordenadas ideado. Las 24 tablas recogen un período de 360 días, por lo que los epagómenos se despreciaban en este tipo de relojes.

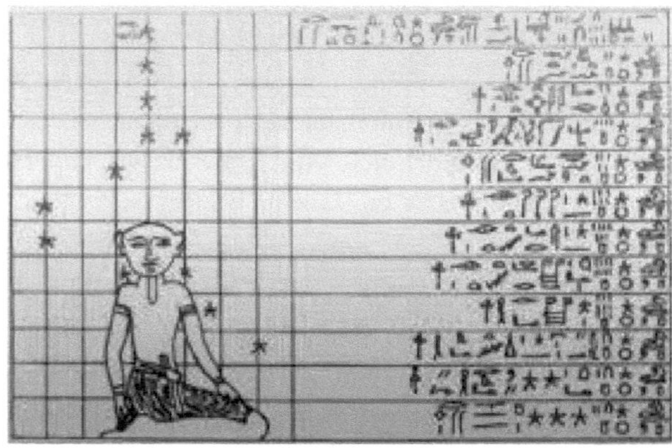

Figura 28. Reloj de Ramses IV

En la lista de los decanos de los relojes estelares diagonales del Imperio Medio o la del reloj de tránsito decanal del Libro de Nut, veremos solo tres entradas, la de la estrella" Sah" (Rigel en Orión), la de la estrella "Sepedet" (Sirio en Can Mayor) y la "estrella de los miles" (Alcyone en las Pléydes).

En los relojes ramésidas muchas de las horas de la noche finalizan sin que ninguna estrella esté en el meridiano central, quizás tenemos que ver que junto a este reloj estelar se podría haber usado, como complemento una clepsidra, relojes de agua documentados desde la dinastía XVIII (hacia el 1500 a.C) y que los egipcios fueron perfeccionando con el tiempo. Los relojes estelares no fueron los únicos empleados, también desarrollaron varios tipos de relojes solares, de los que podemos diferenciar los de sombra y los de sol propiamente dichos.

El reloj de sombra más antiguo es el representado en el cenotafio de Seti I en Abidos, consiste en una tabla horizontal con un tope vertical en uno de sus extremos. Sobre el tope había una segunda barra horizontal colocada perpendicularmente a la primera que es la que llevaba las marcas horarias.

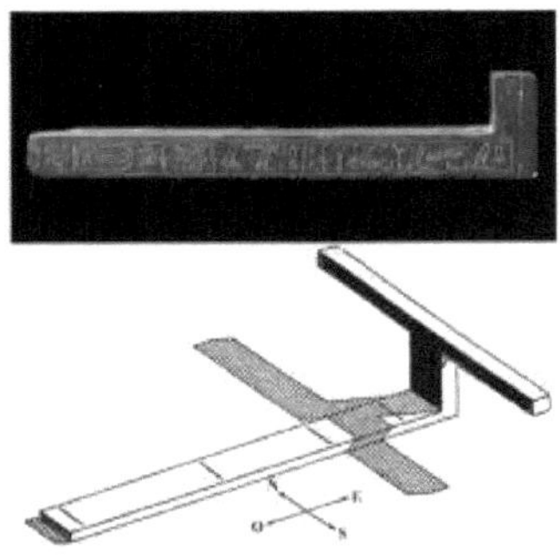

Figura 29. Reloj de Seti I

El reloj debía orientarse hacia el este para que la sombra del Sol, a través de la segunda barra horizontal, se proyectase sobre la primera. El mejor funcionamiento de este tipo de relojes se daba a las ocho horas centrales del día. Tanto en el amanecer como al atardecer las sombras son tan extensas que sobrepasan la longitud de la tabla. Al mediodía, el reloj debía ser girado 180° y orientado hacia el oeste, pues en ese movimiento el Sol alcanza su culminación y el instrumento deja de ser utilizable en la posición original.

El problema del reloj de sombra estriba en que posee una sola escala horaria, fija para todo el año y que, no considera que el comportamiento de la sombra es mucho más complicado al vincularse a los cambios de declinación del Sol entre sus posiciones más extremas en el solsticio de verano y de inverno.

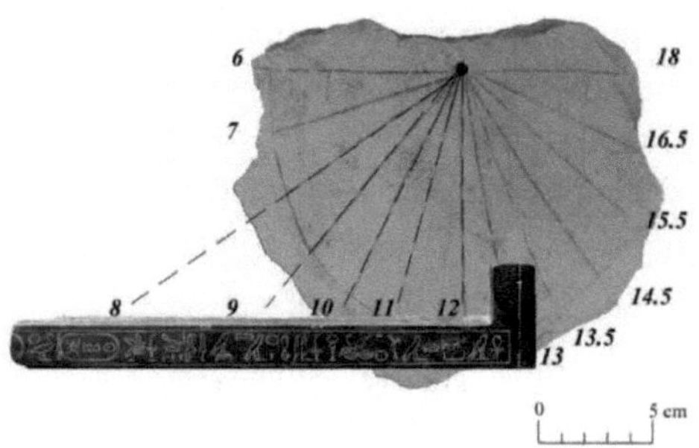

Figura 30. Reloj de Sol de Merenptah. Dinastía XVIII.

Los relojes de Sol más antiguos que se conocen son de la dinastía XVIII y del reinado de Merenptah, hacia el 2100 a. C. En ellos las horas son marcadas por el cambio de la dirección angular de la sombra proyectada por el Sol por medio de un gnomon.

CIVILIZACION MESOPOTÁMICA

Entre los ríos Tigris y Éufrates floreció durante milenios una de las más antiguas e importantes civilizaciones de Cercano Oriente.

Los archivos de las grandes ciudades de la Mesopotamia se han conservado en tablillas de barro cocido. Esas inscripciones estaban hechas en escritura "cuneiforme", que consistía en una serie de marcas grabadas en arcilla blanda con el filo de la punta de pequeños estiletes rectangulares y puestas luego al sol para que se endureciera. La mayoría de las tablillas halladas en las ruinas de las ciudades de Ur, Uruk y Babilonia se referían a las leyes, rituales, o eran registros de tributos, contratos e inventarios de animales, trabajadores o cosechas.

Alrededor del 2283 a.C. astrónomos babilónicos, de la ciudad de Ur, registraron el primer eclipse de Luna del que haya quedado constancia. Para esta época ya contaban con rudimentos para la observación astronómica. (Tignanelli, 2010).

Los babilonios sentaron las bases matemáticas para la astronomía científica y comenzaron con una larga tradición de observaciones que fueron indispensables para las generalizaciones posteriores. Los astrónomos babilónicos ya estaban familiarizados con el reloj de Sol o gnomon y con una especie de clepsidra.

La astronomía babilónica se caracterizó por su origen astrológico en términos de vínculos entre la vida humana y la posición de los astros en el momento del nacimiento de una persona, que defínelo que se denomina "astrología horoscópica", estableciendo un principio determinista de la existencia humana.

En ciudades como Babilonia, Nínive, Sippar, Uruk existían colegios astrológicos, también hacían reuniones en las cuales discutían sus opiniones y acordaban criterios para leer los horóscopos. A su vez, para la observación celeste construyeron torres de observación.

FIGURA 31. Enseñanza de la Astronomía. Artehistoria.net

Los súmeros fueron los primeros que construyeron torres de ladrillo o Ziggurat con fines religiosos para el culto al dios Enlil en Nippur y en otras ciudades que luego fueron utilizadas para la observación astronómica. También reconocían las actuales constelaciones de Tauro, Leo y Escorpio.

Figura 32. Zigurat Ur III. Artehistoria.net

Para la determinación del horóscopo, a los astrólogos les resultaba indispensable determinar con mayor precisión posible cuál es el Astron que está presente en el momento del nacimiento de una persona.

Es decir, en Babilonia no se buscaba una explicación de los movimientos aparentes de los astros, sino que una solución práctica que permitiese averiguar automáticamente sus posiciones cuando se deseara,[25] en esa práctica es donde se puede rastrear el origen de la **astronomía de posición.**

Los datos que se tienen de esta astrónoma, señala que no se basaba, ni obedecía a un modelo cosmológico esférico, ni hacía uso de un modelo geométrico específico para los cuerpos celestes que se mueven alrededor de la Tierra, aunque ésta era considerada el centro de sus trayectorias.

No obstante, si se utilizaban coordenadas celestres, principalmente la latitud y longitud eclipticales. El objetivo de los antiguos astrónomos de Babilonia, no fue diseñar o construir un modelo del movimiento planetario que luego se pudieran derivar otros fenómenos visibles, como la revolución sinódica, los instantes de orto y ocaso, las retrogradaciones y los movimientos estacionales.

Sus intereses no eran tanto por hallar la posición de un astro en cualquier momento, sino su posición cuando se tratase de cierta aparición o desaparición vinculada a su vez, con otro acontecimiento, como por ejemplo la coronación de un monarca.

En la regularidad de los ciclos celestes surgió también un orden necesario para las cosas, por esta razón en los escritos astrológicos se mezclan observaciones y profecías.

En Babilonia se desarrolló un sistema de cálculo numérico, en las tablillas encontradas pueden versar reflejadas las creencias mágicas junto con el registro de las posiciones regulares de un astro, dado generalmente a través de indicaciones numéricas.

En las Tabillas de la época de Sargon I hay menciones de los puntos cardinales. Agruparon las estrellas en constelaciones. En las tablillas más antiguas se indican diecisiete constelaciones en la Banda del Ecuador o "Vía Anou", veintitrés en la "Ruta de Enlili" o zona Boreal y 12 en el "Camino de Ea" o zona Austral, siendo Anou el dios del cielo, Enlil de la Tierra y Ea del agua.

Uno de los más notables astrónomos mesopotámicos, Kidenas, en el año 340 a.C, realiza las primeras consideraciones observacionales y teóricas sobre lo que luego se llamaría precesión de los equinoccios.

Establecieron las reglas del calendario muy similares a las de los egipcios en cuanto a la duración del año. Se basó en la Luna, reconocieron meses de 29 y de 30 días que

---

[25] Las posiciones se volcaban en tablas que se conocen como efemérides a partir de las cuales se elaboraban los horóscopos.

sucedían con cierta regularidad. La longitud media de 12 meses lunares[26] de 354 días era demasiado breve para el año solar y 13 meses de 384 días demasiado largo. Esto debió ocurrir en la tercera dinastía de Ur, aproximadamente entre el 2294 y 2187 a.C. y se había reconocido que las intersecciones se reproducían en un ciclo de 8 años. Para armonizar los ciclos lunar y solar, los babilonios usaron 12 meses, pero intercalando cuando era necesario uno más, el decimotercero.

Los babilónicos introdujeron un concepto fundamental, de igualdad de horas indispensable, para la observación astronómica. Las tablillas más notables son las referidas a Venus, en la Tabilla de Ammisaduga, décimo Rey de la Primera Dinastía Babilónica de la cual el sexto fue Hammurabi. (figura 17)

Figura 33: Tablilla de Ammisaduga

Los astrónomos de la época de Ammisaduga observaron la primera y la última aparición de Venus en la aurora y en el crepúsculo y la duración de su desaparición, agregando predicciones adecuadas para cada caso.

En estas tablas los meses que Venus es invisible se cuentan como de 30 días cada uno. Los astrónomos babilónicos conocían el período sinódico de 584 días y el período de ocho años durante el cual Venus reaparece cinco veces en el mismo sitio visto desde la Tierra.

---

[26] El mes lunar sugiere una subdivisión en períodos breves. Los días 7, 14, 21 y 28 del mes se le prohibía al Rey realizar ciertas actividades, de ahí que subdividieran el mes en períodos de siete días. A diferencia de los nuestros el primer día de cada mes era el primer día de la semana.

Sabían que la Luna y los Planetas no se alejan mucho, en latitud, de la trayectoria del Sol (eclíptica) y observaron posiciones relativas de los planetas y las estrellas en la banda del zodíaco. Estimaron el período sinódico de Mercurio con un error de cinco días.

Las constelaciones conocidas por los pueblos de la Mesopotamia podemos mencionar: **Margidda** (Osa Mayor), **Girtab** (Escorpio), **Ti** (Aguila), **Guanna** (Tauro), **Iku** (Pegaso), **Urgula** (Leo), **Gula** (Acuario), **Pabilsag** (Sagitario), **Luz** (Lira), **Absin** (Virgo) o **Allul** (el Cangrejo/Cancer).

Durante el reinado de Nabucodonosor I (1124 – 1103 a. C.) los sacerdotes y los escribas babilónicos realizaron más de siete mil observaciones astronómicas, consistentes en salidas y ocasos de estrellas, conjunciones planetarias y fenómenos meteorológicos, que registraron en setenta tablillas encontradas en las excavaciones de la biblioteca de Nínive.

Sarton sugiere que es sumamente probable que el intercambio de datos y de métodos fuera en gran medida oral. El **imperio Seléucida (312 – 64 a.C.)** fue débil y caótico. El calendario caldeo era puramente lunar, igual que el hebreo que era coetáneo, la determinación del primer cuarto y de las fases de la Luna fue una de las principales responsabilidades de los sacerdotes. Estos eran astrónomos y bajo las antiguas tradiciones babilónicas desarrollaron una astronomía muy particular y original.

Astronomía Caldea: hacia la época en que Hiparco trabajaba en Alejandría y en Rodas, y Seleuco defendía todavía el sistema heliocéntrico de Aristarco, los sacerdotes caldeos calculaban efemérides de la Luna y de los planetas en templos mesopotámicos.

Según Sarton no desarrollaron un método astronómico coherente. Su método era empírico para registrar e incluso para anticipar las posiciones de la Luna y de los planetas. Las tablas lunares tenían para ellos singular importancia pues su calendario era lunar y su misión principal consistía en determinar la primera visibilidad del nuevo cuarto creciente. Las tablas fijaban con alguna anticipación la época en que podía esperarse el cuarto creciente que facilitaba el trabajo de los observadores.

Los astrónomos caldeos utilizaban métodos aritméticos para el cálculo de sus tablas. Uno de ellos era considerar que el Sol se mueve con velocidades constantes (diferentes) sobre dos arcos distintos de la eclíptica y el otro que la velocidad solar varia gradualmente durante todo el año. (Fig. 18)

Un corpus de tablillas conocidas en escritura cuneiforme debió escribirse en Uruk y en Babilonia en el período seléucida y algunas posteriores hasta el 49 a.C.

Figura 34. Efemérides lunar Babilónica calculadas usando 'Sistema B (Velocidad Solar Varia durante el año)'. La tableta cubre los años 208-210 de la era seléucida (104/103-102/101 a.C).

Los astrónomos y escribas eran sacerdotes consagrados al servicio de los templos caldeos. Los distintos escribas de los templos de Uruk firmaban sus tabillas en el colofón y se sabe por eso que pertenecían a dos familias: Ekurzakir y Sin – Lege-Unninni. La gran mayoría pertenece al período seléucida, pero Sarton prefiere llamarlas caldeas pues, el término seléucida evoca al gobierno helenístico mientras que los astrónomos sacerdotes eran nativos.

Los caldeos trataron de determinar con anticipación, las épocas de conjunción y oposición (sicigias), de la primera y de la última visibilidad de un astro y de los eclipses. Su método fue más aritmético que geométrico. Siguiendo a los babilonios, emplearon progresiones aritméticas para describir los sucesos periódicos; también habían heredado de sus predecesores el concepto de zodíaco como marco de referencia para los movimientos del Sol, la Luna y los planetas, las características secuencias de duración variable de días y noches. Las efemérides eran necesarias por motivos religiosos. Se desconocen el uso de las efemérides planetarias, pero es de suponer que se empleasen en la adivinación. A Sarton le llama la atención el interés por el planeta Júpiter por sobre los demás planetas: Júpiter es más brillante que Sirio.

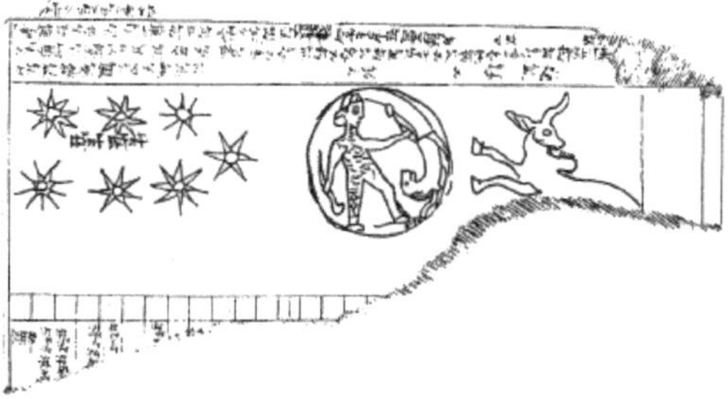

Figura 35. Gravado del período seléucida S.II A.C. de izquierda a derecha: siete estrellas que representan las Pléyades (la inscripción cuneiforme en medio se lee Mul – Mul, la Luna y el Toro celeste, Gudanna.

Los elementos caldeos pueden rastrearse en Hipsicles, Cleomedes, Gemino, y Ptolomeo entre otros. Todos ellos utilizaron métodos caldeos para calcular la salida y puesta de la Luna, su velocidad y salida de los signos zodiacales.

En la tablilla de Cambises aparecen doce constelaciones eclipticales y para cada una, una división en tres segmentos de 10° que permitía definir la posición de un astro en longitud ecliptical con un error de 5°.

Este es uno de los rasgos que permiten inducir el carácter esencialmente ecliptical de la astronomía de estos pueblos, algo que revela un largo pasado de observaciones celestes.

En uno de los registros se describe también como se fijaban las coordenadas eclipticales de las estrellas, indicando en cuanto se apartaban de la latitud y longitud del plano de la eclíptica.

Para Sarton la resurrección de la astronomía caldea es muy interesante, pero no puede afectar el pensamiento astronómico actual. Si se exceptúan los ingredientes caldeos que nos transmitieron Hiparco y Ptolomeo, el desarrollo de la astronomía no sería el mismo si esos ingeniosos sacerdotes de caldea no hubieses intervenido (Sarton, 358, Tomo IV).

A las culturas mesopotámicas se le debe que perfeccionaron la descripción del movimiento del Sol y de la Luna, en base a la cual construyeron calendarios de alta precisión y tablas de eclipses solares y lunares. También se les atribuye el conocimiento de los **soros,** un periodo de dieciocho años y once días, durante el cual tienen lugar unos setenta eclipses, de los cuales 29 eran de Luna y 41 de Sol.

Podían predecir la fecha en que ocurriría la Luna Nueva y con la misma, cuando comenzaría cada nuevo mes. En consecuencia, predecían las posiciones de la Luna y del Sol para todos los días del año. Similarmente determinaban las posiciones planetarias, tanto en su movimiento directo como en el retrogrado. Una tablilla anterior a la caída de Nínive indica por medio de una progresión aritmética y otra geométrica, las fracciones iluminadas del disco lunar, de acuerdo a su fase.

Los procedimientos utilizados subsisten hoy en día: como la división de la circunferencia, del circulo y de los cuatro ángulos rectos abarcados por la circunferencia en el centro, en 360 partes o 360° (notación actual), la conversión para medir el tiempo de acuerdo al sistema sexagesimal, la definición de la banda de constelaciones eclípticas, denominadas Zodiaco, la duración de la lunación o mes sinódico.

Sarton sugiere que la astronomía caldea es tan original como la vieja astronomía china, y la maya que se desarrollaron en regiones del mundo muy alejadas del Mediterráneo Oriental. China era entonces inaccesible y América Central inimaginable. Plantea también que es muy probable que ejercieran influencias sobre otros pueblos orientales como el iranio, el indio, el chino y considera que no es conveniente tratarla aquí. Este comentario puede relacionarse con los dichos de Maurice Halbwachs de que escribir sobre el pasado no es un acto sin intencionalidad, dado que existen registros de astrónomos chinos desde el año 2200 a. de Cristo sobre los instrumentos rudimentarios de observación, paralelamente a los instrumentos egipcios y babilónicos.

CAPÍTULO II
ASTRONOMÍA CLASICA

La cultura egea floreció en el Archipiélago y tuvo sus avanzadas en Creta y Chipre, en la península helénica, con las islas jónicas próximas, así como en una pequeña parte de Anatolia. El mar Egeo puede considerarse un gran lago salpicado de islas.

El arte de las observaciones astronómicas estaba bien desarrollado tanto en Egipto como en Mesopotamia. El legado egipcio se presentó en gran parte bajo la forma de sus decanos y de las constelaciones y estrellas. Los egipcios dividían todo el horizonte en 36 decanos, cada división correspondía a 1/3 de un signo del zodíaco. La división decánica se refiere al Ecuador en cambio la posterior zodiacal a la Eclíptica.

El calendario antiguo griego era lunar, pero guardaba alguna consideración con las estaciones del año. La única manera de reconciliar los ciclos lunar y solar, fue tomar en cuenta los múltiplos comunes de ambos.

Los babilónicos habían descubierto los períodos sinódicos de Venus y Mercurio, lo cual dio la idea de "año grande", el ciclo de 36.000 años que luego reaparecerá en Platón.

Sarton plantea que la astronomía científica, por la cual entendemos un sistema de explicaciones racionales de los movimientos de los cuerpos celestes, debe poco a los primitivos babilónicos y egipcios si se exceptúan ciertos datos experimentales o medios para obtener datos.

La ciencia babilónica es anterior a los "tiempos históricos" griegos, a Homero y a Hesíodo, la caldea influyó sobre la tardía ciencia helénica, romana y medieval. Sarton sugiere que el saber súmero – asirio no puede discutirse porque nos alejaríamos demasiado del propósito principal. No es posible determinar si la ciencia asiria fue exclusivamente súmero o si los estudiosos asirios agregaron nuevos conocimientos a los antiguos, que ya estaban conservando o interpretando.

Sarton llama intermezzo a ese período porque estos conocimientos "asirianizados" no ejercieron, según él, influencia sobre la ciencia helénica. Las influencias orientales a que estuvo sometida la cultura helénica fueron en lo religioso, filosófico e información astronómica, no existe prueba alguna de que algún griego pudiera leer cuneiforme (Sarton, 194).

Los primeros astrónomos y matemáticos babilónicos conocidos por su nombre entre los griegos pertenecen al período Persa: Nabu – rimanni (491 a.C.) y Kidinnu (379 a.C.). Las observaciones astronómicas caldeas son de la época de Nebuchadrezzar.

El nacimiento de la Ciencia Jónica se remonta al siglo VI. Los primitivos jonios fueron en gran medida colonos procedentes de Creta. El mundo jónico giraba en torno a las ciudades comerciales situadas en las costas del Asia Menor: Mileto y Éfeso.

Entre los sabios que surgieron en la ciudad de Mileto el primero fue **Tales** matemático y astrónomo griego. Funda la Escuela Jónica en Grecia alrededor del 600 a.C. Aprendió en Egipto la recurrencia periódica de los eclipses, logró predecirlos y trabajó sobre la esferidad de la Tierra y la oblicuidad de la Eclíptica, y también ciertos hechos matemáticos que lo llevaron a descubrir los principios geométricos y la ciencia de la geometría.

Para Tales el agua es la única sustancia originaria, presenta hasta cierto parentesco con las representaciones mitológicas del océano primitivo que rodea la Tierra como cuna de todo lo existente. Es la única que el hombre conoce sin dificultad en tres los estados: sólido, líquido y gaseoso. El agua parece presentarse por doquier en un estado o en otro.

Según Heródoto, Tales predijo un eclipse de Sol en el 558 a.C. durante una batalla entre medos y lidios. Mientras ambos ejércitos peleaban "el día fue trasformado en noche". Ambos pueblos miraron el eclipse, lo consideraron un presagio y cesaron inmediatamente las hostilidades, acabando una guerra de seis años, firmando un tratado de paz y cimentaron el enlace entre naciones con un matrimonio doble. (Tignanelli, 2010).

Anaximandro de Mileto (610 – 545 a.C.) consideraba que ninguna sustancia tangible podría servir de sustancia primaria e imaginó una intangible a la que denominó *apeiron* (lo infinito). Fue el primero en introducir ese nombre para la base material de las cosas. Afirmaba que no era igual al agua ni a ninguna otra de las llamadas sustancias elementales, sino que era algo diferente de ellas, que no tiene límites y de lo que surgen los cielos y todos los mundos que hay en ellos. Concebía el mundo como un sistema rotativo en el que los objetos más pesados como la tierra y las piedras caían a los lugares bajos, y algunos más livianos como el agua se mantenían un poco más arriba y los humos y vapores más arriba aún. El universo es de duración infinita en un espacio sin límites. Anaximandro parece haber distinguido entre determinación (sustancia definida) e indeterminación (no poder distinguir una cosa de otra).

Anaximandro afirmaba que la Tierra es de forma cilíndrica, es tres veces más ancha que profunda y únicamente está habitada la parte superior, y se halla curvada hacia el norte y hacia el sur. La Tierra está aislada en el espacio y el cielo es una esfera completa en el centro de la cual se sostiene sin soportes nuestro cilindro.

Los astros pertenecen a ruedas tubulares opacas que contienen fuego y en las cuales, en ciertos puntos, un agujero deja ver ese fuego. Esas ruedas giran alrededor del cilindro terrestre.

Para Anaximandro, los eclipses y las fases de la Luna resultan de la obturación de sus respectivos agujeros. Además, las estrellas estaban más cerca que la Luna y el Sol.

Su obra científica corresponde al campo de la astronomía mediante un único instrumento, el gnomón[27], que había sido inventado en Babilonia y en Egipto.

Es simplemente una estaca o vara fijada verticalmente en el suelo. Le permitía al astrónomo determinar las longitudes del año y del día, los puntos cardinales, el meridiano, el mediodía verdadero, los solsticios y los equinoccios y las longitudes de las estaciones.

Pupilo de Anaximandro, **Anaxímenes de Mileto (590 – 524 a.C.),** en su concepción metafísica consideró al aire como sustancia primera, sin embargo, esta sustancia puede hacerse intangible. Tiene propiedades biológicas, pues los hombres y los animales no pueden vivir sin respirar. El aire tiende a hacerse material, pero también inmaterial y hasta casi espiritual.

Para Anaxímenes el aire puede tomar toda clase de apariencias por condensación o espesamiento, o por rarefacción o adelgazamiento. Estos cambios fueron asociados a los cambios de temperatura.

Concebía que el Sol, la Luna y otros cuerpos celestes de naturaleza ígnea, se hallaban sostenidos por el aire debido a su amplitud. Los cuerpos celestes nacieron de la humedad que se eleva de la Tierra. Cuando ésta se rarificó se produjo fuego, de modo que las estrellas, que están compuestas de fuego, han subido hacia lo alto.

Lo más importante del pensamiento de Anaxímenes, fue que estableció la unidad material de la naturaleza en su elección del aire como sustancia primaria y su explicación.

El gran ritmo del cosmos, así como el ritmo respiratorio de nuestra propia vida. Su pupilo **Diógenes de Apolonia (460 – 425 a.C.)** escribió varios textos de cosmología. (Tignanelli, 2010).

Tales, Anaximandro y Anaxímenes se interesaron por la astronomía, pues los fenómenos que se observaban todas las noches en el cielo eran suficientemente impresionantes como para no desafiar la curiosidad de los hombres reflexivos.

---

[27] El gnomón permitía la observación de la sombra del Sol durante el año, veía que alcanzaba cada día un mínimo (mediodía verdadero), que ese mínimo variaba de un día a otro y que llegaba al valor más corto en el solsticio de invierno, y el más largo seis meses después en el solsticio de verano.

Floreció en Ténedos, una pequeña isla afuera de Troya, cerca de la boca de Helesponto, **Cleóstrato de Ténedos (520-432 a.C.).** Mientras hacía observaciones astronómicas para determinar la época exacta del solsticio, reconoció los signos de zodíaco, en especial el Carnero y el Arquero. La zona del zodíaco es una banda imaginaria de los cielos a ambos lados de la eclíptica, que había sido reconocida por los astrónomos de Babilonia. Posiblemente Cleóstrato reconoció las constelaciones a través de las cuales el Sol, la Luna y los Planetas pasan durante el año y dividió esas constelaciones en doce partes iguales de la elíptica o doce signos del zodíaco[28].

Para **Jenófanes de Colofón (570 – 470 a.C.)** el Sol está formado por nubes inflamadas, por una acumulación de pequeñas chispas. Los demás astros se apagan y se encienden diariamente como si fueran brasas. Los griegos no siempre lograban diferenciar los fenómenos astronómicos de los meteorológicos. (Tignanelli, 2010).

ASTRONOMÍA DURANTE EL SIGLO V a.C.

Discípulo de Tales, **Pitágoras de Samos (569 -475 a .C)** guarda estrecha relación con la Escuela Jónica, en cuanto a que busca resolver por medio de un principio primordial el origen y la constitución del universo visto como un todo.

Para Pitágoras "todo es número" y la naturaleza es armoniosa. Los números para él tienen un equivalente geométrico y poseen un tamaño cuantitativo.

En el dogma de la proyección esférica postula que los cuerpos celestes tenían esa forma y se movían sobre trayectorias circulares como si estuvieran prendidas a esferas (Sarton, 261). Pitágoras supuso que las esferas celestes estaban separadas por intervalos musicales y que los planetas emitían notas de armonía. "El universo canta y está construido armónicamente, fue el primero en reducir los movimientos de los siete cuerpos celestes a ritmo y canto" (Sarton, 264).

Los pitagóricos plantean su concepción como unidad entre matemática, la música y la astronomía. Fueron los primeros en denominar cosmos al mundo, es decir, que la Tierra es redonda, que el universo es un sistema ordenado, que los planetas no son "cuerpos errantes" sino cuerpos dotados de movimientos regulares e uniformes.

---

[28] El zodíaco se concibe generalmente como una franja de 16° de latitud, dividida en dos por la eclíptica. El ancho carece de importancia.

FIGURA 36: Escuela de Atenas, Rafael Sanzio, Sala Signatura del Vaticano, 1508-11

George Sarton deja de lado las ideas astronómicas de **Heráclito de Éfeso (540 – 470 a.C.)** en cuanto a su elección del fuego como sustancia primera, a **Empédocles de Agrigento (484 – 470 a.C.)** con su postulado de que la velocidad de la luz es velocidad finita, también sugiere que la Tierra es plana y que la materia es una combinación de cuatro elementos: agua, tierra, aire y fuego. (Tignanelli, 2010) y **Anaxagoras de Clazomene (500 -428 a.C.)**[29] pues considera que es preciso limitarse a los pitagóricos dado que era la Escuela directora de la astronomía durante el siglo V y la más progresista.

Heráclito usa el principio de la retribución para explicar el movimiento de los cuerpos celestes y el orden del universo. Bajo este principio, los sucesos y eventos ocurren y se retribuyen, por ejemplo: en invierno el frío derrota al calor, pero en verano, es el proceso contrario. Considera que la materia primordial del universo es el fuego y defiende la idea de un cosmos en cambio continuo, hasta el punto de considerar que cada día se crea un Sol diferente.

Zenon y Cleantro de Aso establecen que los cielos son creación divina y que su organización rige al hombre en la Tierra, sostuvieron que el hombre es una microcopia del universo. (Tignanelli, 2010).

Anaxágoras plantea que los planetas y la Luna son cuerpos sólidos como la Tierra lanzados al espacio como proyectiles. Para él la materia "primordial" no era ni aire, ni agua, ni fuego, sino que está constituida por innumerables elementos, cada uno de los

---

[29] Último jonio, cosmólogo y primer filósofo natural que argumentó que el universo estaba originariamente formado por innumerables semillas (spermata), al cual la mente (neus) mediante un movimiento de rotación (perichoresis) dio origen y forma.

cuales, en mayor o menor proporción, en cualquier cuerpo. Tiene una idea de los eclipses de Luna se producen por inmersión en la sombra de la Tierra. Cree además en una Tierra y una Luna planas, atribuía las fases de la Luna a una inclinación de su disco sobre la línea de la visión. El Sol era una piedra incandescente, bastante cercana a la Tierra, de la Luna y asegura que tiene montañas y que está habitada. Por decir que los cuerpos celestes no eran divinos fue procesado y salvado por la intervención de Pericles. (Tignanelli, 2010).

Por estos tiempos queda establecida la **Banda del Zodíaco,** como hoy la conocemos.

Defiende la supremacía de la razón sobre los sentidos como fuente de conocimiento, **Parménides de Elea (530 – 470),** es el metafísico típico que se apasiona con los medios para llegar a la verdad. Asevera que el universo es uno limitado, por razones de simetría debe ser esférico, el vacío es impensable, pues el universo esta igualmente lleno en todas sus partes. Admitió la esfericidad de la Tierra. Se ignora como los antiguos pitagóricos llegaron a esa conclusión.

La astronomía de **Filolao** es pitagórica. Dice que el centro del mundo está ocupado por cierto fuego, el Sol gira en un año en torno a este fuego central en una órbita lejana. Alrededor del fuego, rota un planeta desconocido: la **Anti – Tierra,** luego viene la Tierra, describiendo un círculo alrededor del fuego en 24 horas, pero volviendo siempre la misma cara al exterior. Más lejos coloca a la Luna, al Sol y luego a los planetas: Venus, Mercurio, Marte, Júpiter y Saturno. Más allá, a las estrellas fijas, luego un fuego exterior y por último al infinito. Además, opinaba que el substrato fundamental del universo, estaba constituido por unidades numéricas o partículas discretas. (Tignanelli, 2010).

Leucipo conjetura que la materia está hecha de entidades indivisibles: los átomos, y éstos diferían en tamaño, forma y peso. **Demócrito** afirma que la Vía Láctea (Ciklos Galactikos) era una reunión de numerosas estrellas y además que existen incontables mundos. (Tignanelli, 2010). Según George Sarton los fundadores de la teoría atómica fueron grandes cosmólogos pero pobres astrónomos por eso se limita a hablar de Demócrito, cuya astronomía es babilónica.

Contemporáneo de Anaxágoras, a **Enópides** se le acreditan dos descubrimientos astronómicos: el de la oblicuidad de la eclíptica, idea que ya había sido esbozada por Anaximandro de Mileto, no sólo pudo deducir tal idea de las observaciones que realizó con un gnomón, sino también pudo medirlo y calculó el gran año junto con una modificación del calendario.

Metón da a conocer su descubrimiento de que 19 años solares constan de 235 lunaciones o ciclos lunares, un período que luego se llamaría "ciclo Metónico" en su honor. Este ciclo mejoró la precisión de la antigua medida griega del "octaeteris" de 8 años, 99 ciclos lunares, que acumulaba un error. El ciclo de Metón fue usado en Mesopotamia y no en Grecia. A **Euctemón** se le atribuyen las primeras observaciones astronómicas precisas de los solsticios, que le permitieron determinar la longitud de las estaciones y el año trópico.

ASTRONOMÍA EN EL SIGLO IV a.C.

Astronomía en los tiempos de Platón y la Academia.

"El Universo es como un cuerpo vivo, único cuya racionalidad se pone en evidencia a través de la regularidad de los movimientos astrales. El alma del universo puede compararse con el alma del hombre: ambas son divinas e inmortales. La astronomía es el conocimiento básico para la sabiduría, la salud y la felicidad" (Timeo, 522).

Los eventos astronómicos de la edad platónica son adjudicados principalmente a **Eudoxo de Cnido (378 – 350).**

Sarton plantea que se deben tratar prudentemente los descubrimientos atribuidos a los astrónomos babilónicos. El relato griego lo divide en los Precursores de la astronomía científica que incluye a Filolao, Hiceta y Ecfanto, luego se desarrolla la teoría de Eudoxo de las esferas homocéntricas y por último las fantasías astronómicas de Platón y Filipo de Opus.

El autor se anticipa y plantea que según **Ptolomeo (100 – 170), Hiparco de Nicea (190 – 120 a.C.),** comparando sus propias observaciones de las estrellas fijas con otras observaciones realizadas un siglo antes en Alejandría por **Aristilo y Timocaris (320 – 260 a.C.)** dedujeron que todas las estrellas se habían desplazado algo hacia el Este, descubrió la precesión de los equinoccios.

Ptolomeo se refiere a las observaciones caldeas de los años 244, 236, 299 a.C. Esto hace suponer que Hiparco tuvo a su disposición no sólo las observaciones orientales anteriores, sino que había sido descubierta ya en 379 a. C. por el astrónomo babilónico **Kidimnu.**

Los astrónomos caldeos más antiguos de los que conocemos su nombre podemos citar a En el 491 a.C. **Naburianos (491 a.C.) y Kidimnu**[30] **(379 a.C.),** fueron quienes proyectaron tablas lunares según los sistemas distintos y los responsables de las observaciones caldeas registradas en el Almagesto. La precesión fue reconocida por Hiparco y publicada por Ptolomeo.

Teon de Alejandría (335) fue iniciador de la teoría de la "Trepidación de los Equinoccios" que gozó de gran popularidad, a pesar de ser errónea, (Sarton 552).

---

[30] Astrónomo babilonio que realiza las primeras observaciones y teorías sobre lo que se llamaría precesión de los equinoccios.

La trepidación fue aceptada por el astrónomo de la India Aryabahata que fue el vínculo entre Teón y Proclo y a su vez con el escritor árabe Tabit ibn Qurra[31]. En favor de los astrónomos musulmanes Sarton dice que la mayoría de ellos rechazó la trepidación como Al –Farghani, Al – Battani, Abd al Rhaman Al – Sufi entre otros. Pero desgraciadamente Al-Zargali, Al-Bituji patrocinaron la idea falsa. Dado que su influencia era considerable, fueron parte responsables de su discusión entre los astrónomos musulmanes, judíos y cristiana de tal manera que Johann Wermer y Copérnico la aceptaron todavía. Tycho y Kepler tenían dudas sobre la regularidad de la precesión, pero finalmente rechazaron la trepidación. El asunto no quedó totalmente aclarado hasta que la precesión de los equinoccios fue explicada por Newton en 1687.

Sarton aborda el desarrollo de la astronomía científica a partir de **Eudoxo de Cnido** con su teoría de las esferas homocéntricas. Estudio en la Academia y se había familiarizado con la astronomía pitagórica. Tenía un profundo conocimiento de geografía, topografía y geodesia, así como también de historia natural, medicina, religión y etnografía. Advirtió la importancia del zoroastrismo.

El objetivo de Eudoxo fue explicar en forma matemática la posición de los cuerpos celestes en un instante cualquiera. Llamó hippopede a la trayectoria con forma de 8 que describían Mercurio y Venus en los cielos. El supone que Mercurio está ubicado sobre el ecuador de la esfera cuyo centro es la Tierra y que gira con velocidad constante alrededor de uno de sus diámetros, estos movimientos debían ser circulares y uniformes. Fue la primera tentativa para explicar fenómenos astronómicos en términos matemáticos y su teoría proporciona una recreación cinemática y una verificación observacional.

Su teoría fue imperfecta dado que el número de observaciones, la exactitud, las dimensiones de tamaño y distancia no eran precisas.

Según George Sarton la fama de Eudoxo se debe a su teoría gracias a la cual da comienzo a la astronomía científica.

Platón (427 – 347 a.C.) enseña que el mundo material sólo es la sombra de una realidad geométricamente perfecta. Considera a la astronomía como una pérdida de tiempo e intenta eliminar todo rasgo de ateísmo en los conceptos astronómicos, subordinándolos todos a leyes divinas. Según sus ideas, en un comienzo, el universo era un caos y Dios como ser sobrenatural, lo organizó todo. (Tignanelli, 2010)

En las fantasías astronómicas de Platón dice que "cada planeta se mueve en la misma trayectoria circular y las variaciones no son sino aparentes.

---

[31] Primer escritor árabe que hablo de la trepidación de los equinoccios.

Según Eudemo de Rodas, Platón planteó como problema propio de los astrónomos encontrar que los movimientos uniformes y ordenados debían suponerse para dar cuenta de los movimientos aparentes de los planetas (Sarton, 557).

Platón advirtió que el universo era un cosmos, porque el orden y regularidad no podían deducirse inmediatamente por las apariencias.

Eudoxo había demostrado que, si era posible representar los movimientos de los cuerpos mediante un sistema cinemático, esos movimientos estaban bien ordenados, podían desconocerse sus causas o las reglas que los gobernaban, pero podía estar seguro que tales reglas existían, es decir, las leyes naturales.

Según Sarton la relación entre Platón y Eudoxo no era clara. Eudoxo más joven que su maestro, lo abandonó, ya sea porque lo rechazaba o le disgustaba su filosofía. Además, sugiere que las concepciones de Platón no son científicas, afirma, pero no demuestra nada, su lenguaje es poco claro como el de cualquier adivino, su conocimiento astronómico era de origen pitagórico y estaba lejos de hallarse actualizado.

En el Timeo se sugirió que Venus y Mercurio se movían en dirección opuesta al Sol. Platón conocía los períodos de la Luna, el Sol, Venus y Mercurio, creía que los períodos de los tres últimos eran iguales a un año, pero no el de los demás planetas. Sin embargo, habla del año grande como un período de 8 revoluciones de los siete planetas y además la esfera exterior vuelven a su punto de partida. Ese año grande era igual a 36.000 años. Nunca midió.

Para Aristóteles el éxito de la astronomía de Platón, como el de sus matemáticas obedeció a una serie de malos entendidos (Sarton, 559).

Según Diógenes Laercio y Suidas, el Epinomis fue escrito y publicado póstumamente por uno de los discípulos de Platón, llamado Filipo de Opus. El objetivo principal era acentuar la importancia de la astronomía para alcanzar la sabiduría. Sus ideas sobresalientes fueron los movimientos regulares de los cuerpos celestes, las estrellas, el Sol, la Luna y los planetas. Los cinco poliedros regulares se igualan a los cinco elementos, pero el quinto elemento es el llamado éter.

Astronomía en los tiempos de Aristóteles y el Liceo

Filósofo jonio, discípulo de Platón, **Aristóteles (384 – 322 a.C.)** fundó el Liceo en el 355 a.C.

Según George Sarton hay que otorgarle un lugar de honor a **Heráclides del Ponto (387 – 312 a.C.),** dado que sus teorías astronómicas lo convierten en uno de los precursores de la ciencia moderna.

El modo de pensamiento de Heráclides es importante en cuanto a que atribuye al Sol el tamaño de un pie humano y ve en él una antorcha divina que nace y muere cada día. Al mismo tiempo dice Simplicio que Heráclides "hizo girar la Tierra sobre sí misma en 24 horas mientras que el cielo está en reposo". Señala también que Venus gira alrededor del Sol y no en torno a la Tierra, de este modo que, Venus se encuentra a veces más cerca y otras más lejos de nosotros que del Sol". Supuso que el universo era infinito y que cada estrella era un mundo en sí mismo. Se considera la primera alusión al heliocentrismo. (Tignanelli, 2010).

La Tierra está en el centro del Sistema Solar, el Sol, la Luna y los planetas superiores giran alrededor de la Tierra, Venus y Mercurio, planetas inferiores, lo hacen alrededor del Sol. La rotación de la Tierra sobre su propio eje, esta rotación reemplaza la rotación diaria de todas las estrellas alrededor de ella.

Heráclides fue el primero en proponer una especie de sistema geo-heliocéntrico, es decir, postular la rotación de planetas alrededor del Sol. Podría decirse que es el precursor griego de la astronomía copernicana. Desde el punto de vista moderno, Sarton sugiere que el sistema de Heráclides puede ser leído como un compromiso entre el modelo ptolemaico centrado en la Tierra y el copernicano en el Sol.

El jesuita **Giovanni Battista Riccioli** en su Almagestum novu publicado en 1651 retrocedió acercándose a Heráclides pues acepta la rotación de tres planetas alrededor del Sol y los demás alrededor de la Tierra.

Antes de avanzar con las ideas de Aristóteles debemos hacer un alto en **Calipo de Cicico (370 – 310 a.C.)** quien advirtió las imperfecciones del sistema de Eudoxo y trató de eliminarlas agregando siete esferas más, es decir, dos para el Sol, dos para la Luna y una para cada uno de los otros planetas excepto Júpiter y Saturno. La teoría así mejorada por Calipo, exigía 34 esferas concéntricas que giraban simultáneamente cada una alrededor de su propio eje y con su propia velocidad.

Calipo se ocupó también de la reforma del calendario, cuyo último ajuste había sido hecho en Atenas en 432, por Metón y Euctemon. Mejores observaciones de los solsticios le permitieron determinar con mayor exactitud la longitud de las estaciones.

Como astrónomo, Aristóteles imaginó que era necesario transformar el sistema existente en un modelo con capas de esferas *materiales* una dentro de la otra y acciones recíprocas de tipo mecánico. Su objetivo era sustituir el sistema de esferas para el Sol, la Luna y los planetas, en conjunto en lugar de los sistemas separados para cada cuerpo celeste. Con este fin supuso conjuntos de esferas de reacción entre grupos sucesivos de esferas originales. Aristóteles añadió esferas de reacción al modelo de Calipo llegando a 55 esferas. En el sistema aristotélico no podemos disociar lo físico de lo astronómico, según los dichos de Sarton.

Plantea tres movimientos: rectilíneo, curvilíneo y mixto. Los cuerpos del mundo sublunar se componen de los cuatro elementos, estos tienden a moverse a lo largo de rectas: laTierra hacia abajo, el fuego hacia arriba, el agua y el aire por ser relativamente pesados y livianos, entre ambos y de ahí el orden natural de los elementos, partiendo de la Tierra, sea tierra, agua, aire, fuego.

Los cuerpos celestes se componen de otras sustancias, no terrestres, sino divinas o trascendentes: el quinto elemento es el éter, cuyo movimiento natural es circular, uniforme y eterno.

El universo es esférico y finito, porque la esfera es la forma más perfecta y es finito porque tiene un centro – el centro de la tierra – y un cuerpo infinito no puede tener un centro. Hay un solo universo fuera de él no hay nada, ni espacio.

Los griegos eran más teóricos que observadores, pero tuvieron la suerte de disponer de las observaciones egipcias y babilónicas.

La astronomía de Aristóteles fue singular. La teoría de las esferas homocéntricas fue desplazada eventualmente por las teorías excéntricas y de los epiciclos que se cristalizó en el Almagesto de Ptolomeo.

Sarton plantea que la astronomía medieval es, en gran parte, una historia del conflicto entre las ideas ptolemaicas y aristotélicas, estas últimas eran relativamente anacrónicas, de ahí que el progreso del aristotelismo retarda el progreso de la astronomía. (Sarton, 633-634).

ASTRONOMÍA EN EL SIGLO III a.C.

Renacimiento Alejandrino.

Alejandro nació en Pella. Hijo de Filipo II, Rey de Macedonia. Tenía trece años cuando Aristóteles pasó a ser su mentor, aprendió poesía en especial La Ilíada, historia de Grecia y Persia, la geografía del Asia Menor, tratados de ética y política. Se hizo cargo de sus obligaciones como regente en ausencia de su padre y tuvo que intervenir en asuntos militares. A la muerte de este, se convirtió a los veinte años en Rey de Macedonia. (Fig.21)

Alejandro, organizador científico, conquistador que llevaba un séquito no sólo de secretarios, literatos, historiadores baquianos, agrimensores alguno de los cuales son conocidos como Heráclides, Hieron de Soloi, Diogneto, Baiton, Androstenes, pero el más importante fue Nearco, un almirante, que observó el fenómeno de las mareas. También estaba enterado del tamaño de la India y la longitud de sus ríos.

Figura 37. Alejandro Magno

Alejandro abrió una nueva era. Creo un imperio que fue universal y lo unió bajo el yugo macedonio, gentes de muchas razas, colores, lenguas y religiones, no obstante, la cultura y la lengua más importante fue la griega.

Llevó la cultura griega hasta el mismo corazón de Asia, aun cuando se dirá luego que la *helenizó*. No había soñado únicamente con un imperio mundial, sino una especie de unidad profunda (*homonoia concordia*). Fue el hombre que mucho antes que el cristiano pensó en la hermandad.

Por esa razón merece que se haya inmortalizado con el nombre de Alejandro Magno. La influencia mayor fue la cultura que floreció en Egipto, pero conviene insistir antes sobre las influencias orientales que desempeñaron su papel en todos los reinos helenísticos.

En cuanto a las influencias de otros pueblos, Sarton prefiere por el momento dejar de lado las judías. Explicita que deben admitirse las influencias locales, las faraónicas en Egipto y las babilónicas en el reino seléucida.

Las influencias iranias fueron notables, porque habían existido numerosos intercambios entre los colonos griegos de Asia y los súbditos de los reyes persas. Los mercaderes persas debieron ser numerosos en Mileto y en otras ciudades de la confederación jónica.

Se debe hacer un alto en Alejandría, fundada por Alejandro Magno en el 355 a.C. Cuando **Ptolomeo Soter** (305 -285 a.C.) comenzó su administración de Egipto, Alejandría estaba poco desarrollada como para utilizarse como capital y el gobierno se instaló primero en Menfis. A la muerte de Alejandro en Babilonia en el 323 a.C., Ptolomeo Soter adoptó las providencias necesarias para asegurar su cuerpo y lo llevó a Menfis. Tan pronto como Alejandría fue suficientemente edificada se convirtió en la capital del Imperio Ptolemaico, los restos de Alejandro fueron trasladados a ella, al Sema o recinto sagrado para la sepultura.

Figura 38. Plano de la Ciudad d Alejandría

Alejandría fue una metrópoli cosmopolita y la primera de su estilo. Gran parte de la ciudad había sido ocupada por los palacios reales, por gran número de templos y varios parques. El Sema, el Museo, la Biblioteca y los cuarteles de los guardias reales estaban ubicados en un recinto llamado Brucheion. La ciudad fue construida en una estrecha franja de tierra limitada al norte por el Mar Mediterráneo y al sur por el Lago Mareotis que le proporcionaba comunicación con el Río Nilo. Tenía dos puertos uno hacia el lado del mar, al norte de la ciudad y otro hacia el lago, es decir, hacia el sur. El puerto de mar era fronterizo con la Isla de Pharos, cuya existencia era fundamental dado que proporcionaba un abrigo septentrional a ambos puertos. En ella se construyó el Pharo sobre el extremo más oriental de la isla durante el gobierno de Ptolomeo II Filadelfo por el arquitecto Sostrato de Cnido. Todo navegante al regresar a puerto podía verlo desde lejos. (Fig.22)

El propósito de Demetrio de Falereo (350 – 282 a.C.) y de Ptolomeo consistía en reunir en una institución los libros y todos los instrumentos científicos para las investigaciones, con el objeto de proporcionar todo el material necesario para los estudiosos. Así nació el Museo, o lugar destinado a las Musas Protectoras de las actividades intelectuales junto al que se encontraba la Biblioteca.

El museo debió contar con instrumental necesario para las investigaciones médicas, biológicas, y astronómicas. El ambiente o edificio que lo encerraba puede llamarse observatorio, incluía una sala de disecciones anatómicas para experimentos fisiológicos y a su alrededor se extendían un jardín botánico y un jardín zoológico.

Fundado por Ptolomeo I, pero su desarrollo principal fue durante el reinado de su hijo. Atrajo a matemáticos, astrónomos, geógrafos, médicos entre otros, y continúo existiendo hasta el asesinato de Hipatia (355 – 415)[32] como consecuencia de una revuelta cristiana.

La biblioteca fue la más famosa de la antigüedad, Eratóstenes de Cirene fue uno de sus bibliotecarios. Fue la memoria viva de los departamentos científicos del Museo. Los

---

[32] Matemática, astrónoma y filosofa pagana.

médicos necesitaban las obras de Hipócrates, los astrónomos todos los registros de observaciones y teorías. Fue el semillero de los filósofos y humanistas.

Escuela de Alejandría.

Alisatair Crombie se refiere al desarrollo del Egipto Helenístico y Romano entre los siglos III a.C y IV d.C. Caracterizada por la erudición y el sincretismo entre las ideas de Platón y Aristóteles. Su actividad concluyó con la toma de Egipto en el 460 a manos de los musulmanes. Sus principales exponentes de la **Primera Escuela de Alejandría** fueron Euclides, Arquímedes y Apolonio.

Posiblemente fuera ateniense, **Euclides (325 – 265 a.C),** matemático puro. Existen varias especulaciones sobre si Euclides era o no alumno de la Academia, en realidad no existe certeza de que lo sea. Hacia el año 300 a.C. bajo el reinado del primer Ptolomeo, era profesor en la escuela de matemática de Alejandría la cual probablemente fundó.

 El más antiguo texto elaborado de geometría, **Elementos,** que haya llegado a nosotros en forma íntegra.

La mejor manera de apreciar el genio de Euclides fue la admirable concentración de sus Elementos, las interminables tentativas de matemáticos como Ptolomeo y Proclo para corregirlos, más tarde fue Levi Ben Gerson (1288 – 1344) y finalmente matemáticos modernos como John Wallis (1667 – 1733), el suizo Johann Heinrich Lambert (1667 – 1777) y el francés Adrien M. Legendre (1752-1833).

La tradición euclidiana es notable por su continuidad y la grandeza de sus postulados. La antigua tradición incluye a hombres como Pappus, Teon de Alejandría, Proclo y Simplicio algunos estudiosos como Censorino, Baecio tradujeron los Elementos del griego al latín. También fueron traducidos del griego al siríaco y del siríaco al árabe por primera vez por al – Haijaj ibn Yusuf para Harun-al- Rashid (el califa 786 -809 d. C.).

Los musulmanes se interesaron por el trabajo de Euclides en articular al – Kindi en óptica y en su desarrollo matemático. Para el siglo IX fue retraducido y discutido en árabe por Muhammad ib Musa, Al Mahari al- Nairiz, Thabit ben Qurra entre otros lo cual aumentó el interés por el libro X que desarrolla la clasificación de líneas inconmensurables.

 La geometría de Euclides además de ser un poderoso instrumento de razonamiento deductivo, ha sido extremadamente útil en muchos campos del conocimiento: en física, astronomía, química y diversas ingenierías. En el siglo II se formuló la teoría Ptolemaica del universo según la cual la Tierra era el centro del universo y los planetas, la Luna y el Sol daban vueltas a su alrededor en líneas perfectas o círculos y combinaciones de circunferencias. Las ideas de Euclides constituyen una considerable abstracción de la realidad.

Arquímedes de Siracusa (287 – 212 a.C.), tuvo la fortaleza de la innovación de Platón y el procedimiento correcto de Euclides. El único dato de su vida que puede fecharse es el año de su fallecimiento a los 75 años de edad durante el saqueo que siguió a la caída de Siracusa en el 212 a.C.

Se supone que fue hijo del astrónomo Pheidias (500- 431 a.C.) y de ahí su temprano interés por las matemáticas y la astronomía. Una docena de obras han llegado hasta nosotros.

Según **Pappus**, Arquímedes describió trece polígonos semi – regulares, es decir, poliedros equiláteros y equiángulos, sin ser semejantes. Tiene estudios sobre el "Heptágono Regular" texto perdido en griego, pero fue traducido al árabe por Thabit ibn Qurra.

En mecánica han llegado hasta nosotros dos postulados uno sobre el Equilibrio de los Planos y otro sobre los Cuerpos Flotantes.

En cuanto a lo astronómico, escribió un libro sobre la Composición de la Esfera, donde describe la construcción de un planetario para demostrar los movimientos del Sol, la Luna y los planetas. El planetario era preciso como para predecir la ocurrencia de los eclipses de Sol y Luna. El contador de arena describe el sencillo aparato (una dioptra) que uso para medir el diámetro aparente del Sol halló 27'<d<332' 56''. Según Macrobio Arquímedes determinó la distancia de los planetas.

Geómetra griego, **Apolonio de Perga (295 – 215 a.C.),** desarrolla la teoría de las cónicas. Y el primero en sugerir un sistema de círculos deferentes y epiciclos. El problema principal con que los astrónomos griegos habían estado luchando durante dos siglos era el de hallar una explicación cinemática de los movimientos planetarios que concordase con las apariencias y los salvara, que explicase, las aparentes retrogradaciones de los planetas. La primera solución de las esferas homocéntricas, había sido ideada por **Eudoxo de Cnido** y mejorada gradualmente por **Calipo de Cícico, Aristóteles** y **Autólico de Pitana**. El fundador del sistema geoheliocéntrico **Heráclides del Ponto** inventó la **teoría de los epiciclos** para explicar los movimientos aparentes de Mercurio y Venus. A fin de hacer lo propio con los movimientos aparentes de los planetas superiores, Marte, Júpiter y Saturno.

Apolonio generalizó el uso de la teoría de los epiciclos e introdujo otra teoría, la de las excéntricas. De acuerdo con Ptolomeo, Apolonio inventó o perfeccionó aquellas dos teorías. Hiparco y Ptolomeo las usaron con exclusividad y rechazaron la de las esferas homocéntricas.

Sarton plantea que en épocas posteriores, esta última teoría renació y la historia de la astronomía medieval es en gran medida una renovada lucha entre los epiciclos y las homocéntricas o entre las astronomías ptolemaicas y aristotélicas.

 Según Crombie, **la Segunda Escuela de Alejandría** se desarrolló entre el siglo I y el siglo IV después de la era cristiana, sus representantes fueron Menelao, Herón, Ptolomeo y Pappus.

Astrónomo y matemático griego, **Menelao (75 – 140 d.C.)** es el primero en reconocer las geodésicas en una superficie curva como análogas naturales de las líneas rectas. Concibió y definió el triángulo esférico. Su nombre quedó ligado al teorema de geometría plana o esférica relativa al triángulo cortado por una línea recta o un círculo máximo[33]. Su trabajo fue muy importante para la geometría antigua. Los libros que se han conservado hasta nuestros días son: "Elementos de geometría", "Sobre el cálculo de los arcos de un círculo "y un catálogo estelar. **Herón de Alejandría** probablemente era egipcio se alejó de las abstracciones matemáticas, planteó el principio del mínimo esfuerzo.

Stephen Toulmin (1922 – 2009) al hablar de **Ptolomeo (100 – 170 d.C.)** lo hace desde su obra astronómica se conoce como "Almagesto" que significa "el más grande" o el "más vasto" de los tratados.

El título griego original podría ser traducido como la "sintaxis matemática de la astronomía". La mayor parte del Almagesto expone en detalle los métodos geométricos que pueden usarse para calcular las trayectorias del Sol, la Luna y los planetas a través del cielo. También consigna algunos aportes propios, los cálculos solares y lunares de Hiparco y da un tratamiento complejo de los movimientos de los cinco planetas restantes. La tarea iniciada por los babilonios mediante el uso de la aritmética, las completó con el uso de la geometría. Los métodos usados por Ptolomeo son sumamente ingeniosos y complejos a la vez.

Parar comprender su pensamiento es necesario recordar tres recursos geométricos principales: epiciclo, excéntrica y deferente.

La idea de epiciclo se relaciona con Hiparco y Apolonio. El propósito de esta construcción era explicar el "movimiento retrogrado" de los planetas, la cual se hacía suponiendo que las trayectorias de los planetas son un par de círculos sumados: el centro del movimiento circular menor y más rápido se desplaza a lo largo del mayor más lento, a velocidad constante.

La idea de excéntrica había sido aplicada por Hiparco antes que Ptolomeo. Según Apolonio cuando el planeta se mueve en un epiciclo más rápido, podemos considerar

---

[33] Conocido como el triángulo de Menelao.

que el centro del círculo deferente se desplaza alrededor de la Tierra. Todo el círculo deferente rota asimétricamente como un engranaje excéntrico. Aparece aquí, la idea de ecuante.

Cuanto Ptolomeo trato de calcular las velocidades a las cuales se mueven los diversos cuerpos celestes alrededor de sus centros geométricos halló una dificultad imprevista. Después de construir órbitas para el Sol, la Luna y los planetas mediante una combinación de epiciclos y excéntricas, se encontró con que los cuerpos celestes se movían a velocidad aparentemente no uniforme. Explicó las más grandes de esas desviaciones mediante la suposición de que las rotaciones planetarias eran uniformes, no medidas desde la Tierra como centro, sino desde un punto totalmente distinto que recibió el nombre de ecuante. A menudo, el ecuante era un punto del espacio cuya distancia de la Tierra era el doble del círculo excéntrico.

Sus cálculos dieron resultados que coincidían en casi todos los casos con los que podían observarse mediante el uso de los instrumentos astronómicos simples de la época.

Ptolomeo elabora una construcción distinta para cada problema por separado y se contentaba con mostrar que de esta manera se podía resolver el problema en cuestión. Para explicar la velocidad del movimiento de la Luna Ptolomeo, la atribuyó a que esta posee un epiciclo grande, aunque esto implicaba que los cambios en el diámetro aparente de la Luna son mucho mayores de los que realmente vemos. Usaba luego otra construcción para explicar los cambios observados en el diámetro.

No ofrecía en ninguna parte un único conjunto de soluciones geométricas capaces de explicar todos los movimientos de un planeta al mismo tiempo y mucho menos de todos los planetas como Eudoxo.

Consideraba que su labor como astrónomo estaba cumplida una vez que había salvado cada apariencia por separado. Ptolomeo limitó sus objetivos, en líneas generales aceptó la física de Aristóteles. Fue el primero en elaborar construcciones geométricas que armonizaban realmente con los registros astronómicos y demostró en detalle cómo hacerlo. Sus métodos geométricos eran impecables.

Pappus (290 – 350) escribió comentarios sobre los Elementos de Euclides y Ptolomeo. Fue uno de los últimos matemáticos griegos de la antigüedad. Conocido por su obra *"Synagoge* (340)", una colección o compendio matemático con una gran variedad de problemas de geometría, duplicado del cubo, polígonos y poliedros. Famoso por el teorema del volumen de una superficie de revolución, y su importante aporte geométrico.

Astronomía de Aristarco y Arato.

 Según **Ptolomeo (100-170)**, astrónomos griegos **Aristilo** (280 a.C. aprox.) y **Timocaris** (320 – 260 a.C.) hicieron observaciones astronómicas antes que Hiparco. Trabajaron ambos en Alejandría, a comienzos del siglo III, su observatorio había sido instalado paralelamente en el Museo. Su equipo era muy simple, usaban gnómones, algún reloj de sol y una esfera armilar[34] y registraron las posiciones de las estrellas, preparando el primer catálogo estelar. Dedujeron que las estrellas se habían movido algo hacia el este, descubrieron la precesión de los equinoccios antes que **Hiparco.**

 Las medidas de Timocaris y Aristilo le fueron útiles a **Hiparco** para determinar la precesión de los equinoccios, las diferencias entre las longitudes observadas por éstos importaban unos 2°.

Aristarco de Samos (310 -230 a.C.) escribió un tratado sobre las dimensiones y distancias del Sol y la Luna que llegó íntegramente hasta nosotros. El estilo es euclidiano y el rigor matemático también, desgraciadamente se funda en datos falsos.

El método de Aristarco era excelente pero la imperfección de sus observaciones lo llevó a resultados erróneos, al no existir aún trigonometría como la conocemos en la actualidad. Por eso se vio obligado a encontrar esas razones geométricas por medio del ingenio. Los resultados de Aristarco eran muy pobres, pero fue el primero en medir esas dimensiones y distancias relativas. Constituyó una gran hazaña para la época. Si hubiera conocido la dimensión de la Tierra, habría deducido las dimensiones absolutas de la Luna y el Sol.

Es posible que conociera la dimensión de la Tierra, es decir, la aproximación a la que llegó Aristóteles o **Dicearco de Mesina** (355 – 290 a.C.) historiador y geógrafo discípulo de Aristóteles. Advirtió que las mareas sufrían influencias no sólo de la Luna sino también del Sol. La estimación de la dimensión de la Tierra también fue calculada por él.

El hecho es que, gracias a Aristóteles, Dicearco y Aristarco fue posible medir las dimensiones y las distancias del Sol y la Luna, los valores reales eran menos importantes que la posibilidad de hacerlo.

Aristarco había colocado en el centro del universo al Sol, en lugar de la Tierra y había supuesto la rotación alrededor de su eje y la rotación anual de la Tierra alrededor del Sol excepto la Luna, único que gira alrededor de la Tierra.

---

[34] Un esqueleto de esfera de base de círculos máximos dispuestos alrededor del mismo centro, dividido en grados. Uno de los círculos se hallaría en el plano del ecuador y otro, perpendicular a él, giraría alrededor del eje del mundo, una regla iría unida al mismo centro con el objeto de determinar la dirección de la estrella.

Las estrellas están fijas y su rotación diaria, es una ilusión provocada por la rotación diaria de la Tierra alrededor de su propio eje en sentido opuesto. La esfera de las estrellas fijas es tan inmensa que, en comparación, toda la órbita de la Tierra alrededor del Sol es como un punto. La audacia de Aristarco colocando el Sol como centro del universo, era necesario extender esto más allá de la medida para justificar la ausencia de los desplazamientos paralácticos de las estrellas, a pesar de la enorme dimensión de la órbita de la Tierra.

Aristarco no vaciló en aceptar esta consecuencia casi absurda de la hipótesis heliocéntrica. Concibió eso que llamamos universo copernicano dieciocho siglos antes que Copérnico. Su hipótesis tras advertir que el Sol era enormemente mayor que la Tierra, le pareció difícil de creer que el cuerpo más grande fuera dominado por el más pequeño en cuanto a los miles de estrellas se preguntó por qué debería girar todas alrededor de la Tierra a tan inmensa distancia y con regularidad.

Su contemporáneo, **Heráclides del Ponto (390 – 310 a.C.),** postuló la retrogradación de la Tierra y declarando a Venus y Mercurio planetas inferiores, giraban alrededor del Sol y que el Sol, la Luna y el resto de los planetas alrededor de la Tierra. Era una especie de compromiso entre el sistema geocéntrico y heliocéntrico, una anticipación a **Tycho Brahe.**

Sarton para completar la evocación a Aristarco plantea que se interesó por la física, como discípulo de **Estratón de Lámpaso (340 – 268 a.C.)** sucedió a Teofrasto en la dirección del Liceo, escribió un tratado sobre la luz, la visión y el color. La tradición aristarquiana es muy interesante dado que por un lado menciona la tradición existente y por el otro, la heliocéntrica. Las ideas de Aristarco casi seguramente son derivadas de las de **Heráclides,** siendo más populares.

Las concepciones heraclianas fueron invocadas por Cicerón y Vitrubio y ello originó una tradición latina, ejemplificado en un grupo de escritores como **Calcidio, Macrobio, Mauricio Capella.**

Las concepciones geo-heliocéntricas pueden rastrearse en los escritos hebreos de **Abraham ben Ezra** y **Moses de León** o quien quiera que sea **Zohar** y también los latinos **Guillermo de Conches**, Bartolomé y el astrologo **Balbuino II de Courtenay, Pedro d' Abano.** La difusión de esas ideas quedó garantizada por las primeras ediciones impresas de Bartolomé y Pietro. La popularidad del sistema geoheliocéntrico obedeció a las singulares trayectorias de los planetas inferiores.

Guillermo de Conches (Escuela de Chartres) no siguió oficialmente a **Heráclides** sino que supuso que las tres órbitas del Sol, Mercurio y Venus tenían aproximadamente el mismo radio y que sus centros se hallaban a corta distancia entre sí, alineados con la Tierra.

Hiparco era conocido como el más grande de los astrónomos de la antigüedad clásica.

La tradición heraclidiana fue literaria y filosófica casi exclusivamente occidental, latina y hebrea, en cambio la aristarquiana era científica y oriental greco-árabe: se la venció en el campo puramente técnico, pero Copérnico los habilitó en uno de los más grandes libros científicos del renacimiento.

El triunfo de la teoría heliocéntrica obedeció a la sustitución de órbitas circulares por elípticas, que Apolonio nunca sospechó.

Las concepciones heliocéntricas fueron confirmadas por **Copérnico en 1543,** que reconocía bien los esfuerzos de **Filolao, Hiscetas, Ecfanto, Heráclides y Aristarco.**

Pappus comentó la tradición aristarquiana en *"La pequeña astronomía",* grupo de escritos astronómicos de **Autólico, Aristarco, Euclides, Apolonio, Arquímedes, Hipsicles, Menelao y Ptolomeo** que se transmitieron juntos por haberse copiado en el mismo rollo de papiro.

Eventualmente fueron traducidos por **Qusta ibn Luqa de Ba' albek,** ayudó así Quste a crear el equivalente arábigo de *La pequeña astronomía* llamado Kitab al-mutawassitat bain al – handasa wal-hai'a, libros intermedios entre la geometría y la astronomía.

El principal estudioso del Mutawassitat fue el persa, Nasir al-din al Tusi, quien dedicó especial atención al *Tratado sobre las dimensiones del Sol y distancias del Sol y la Luna.* El tratado de Aristarco se indujo en una colección de otros muchos, todos ellos en versión latina, dirigida por Giorgio Valla (1447 – 1499).

Hiceta de Siracusa (287 -212 a.C.) cree que el cielo, el Sol, la Luna, las estrellas y todos los cuerpos celestes están en reposo y que ningún cuerpo del universo con excepción de la Tierra, se halla en movimiento, y como esta gira y da vueltas alrededor de su eje con gran velocidad, todos los fenómenos se presentan como si se produjeran con la Tierra en reposo y los cielos en movimiento[35]. **Ecfanto de Siracusa** al igual que Hiceta afirma que la Tierra era el centro del universo y daba una vuelta en torno a su eje.

Arato de Soloi (315 – 240 a.C.) poeta didáctico, escribió *Phainomena:* derivado de los estudios de Eudoxo de Cnido, describe las constelaciones boreales y el zodíaco, comienza por el polo norte y las Osas y desciende nuevamente hasta el zodíaco. Las descripciones se combinan con referencias mitológicas.

---

[35] Academiun priorun liber, II, 39, 123, Edición por James Reid, Londres, 1885, pág. 322 traducción del mismo Londres, 1885, pág. 81).

Luego de una alusión a los cinco planetas que no nombra, discute cinco círculos de la esfera celeste, la galaxia, el trópico de Capricornio, el Ecuador y el Zodíaco. Al final de la obra en verso, se dedica a la salida y puesta de las estrellas. La descripción de las constelaciones corresponde al tipo de astronomía que les interesa a todos, la popular. Esto le generó gran notoriedad.

Canon de Samos (280-220 a.C.) matemático y astrónomo contemporáneo de Arquímedes. Estudió la intersección de las cónicas y escribió un tratado sobre espirales y siete libros de astronomía que se funda en observaciones caldeas o egipcias y según George Sarton debió ser él, quien trasmitió dichas observaciones a Hiparco.

Completó un nuevo calendario o tabla astronómica, *parapegma,* que consignaba la salida y puesta de las estrellas y predecía el tiempo. Esta tabla se fundó sobre las observaciones hechas en Sicilia y en Italia meridional.

Eratóstenes de Cirene (273 – 192 a.C.) la forma de la Tierra fue reconocida por los primeros pitagóricos y quedó como un dogma, pero esto no significaba que todos los geógrafos lo aceptaran.

 Una de las principales hazañas de Eratóstenes fue establecer la geografía matemática de la Tierra esférica. Midió la tierra y su medición fue asombrosamente sencilla.

Consistió en medir la distancia entre dos lugares situados en el mismo meridiano. Si se conoce la diferencia de latitud entre ambos lugares, fácil será definir la longitud de la primera o de todo el meridiano. Eratóstenes dividió el círculo máximo en 60°. Probablemente Hiparco fue el primero en hacerlo en 360°.

Existían varias estimaciones de la circunferencia de la tierra para Aristóteles era de 400.000 estadios y para Arquímedes eran 300.000.

Para determinar la latitud Eratóstenes usó un gnomón o un sciartheron[36]. (Fig. 23)

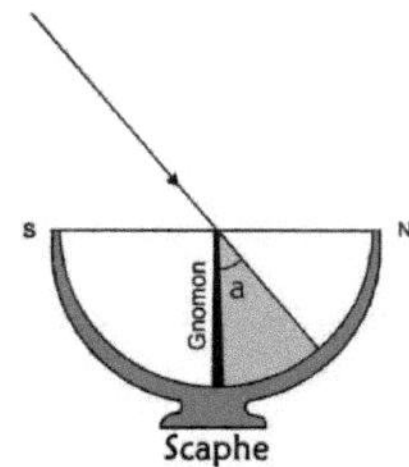

Figura 39. Círculo Solar. WordPress.com

---

[36] Especie de reloj de Sol. Tenía forma de un bol con un gnomón clavado en su centro- como radio de una hemiesfera- las líneas cruzadas en el interior del bol permitían al observador medir inmediatamente la longitud de la sombra del gnomón.

En Siena hacia la época del solsticio de verano, no había sombra en absoluto y de ahí dedujo que Siena, aquel lugar estaba en el mismo meridiano, su diferencia de latitud era de 7° 12' y la distancia era de 5.000 estadios. La distancia fue medida por un bematistes – especialista en caminar con pasos iguales y constantes-. Se dice que determinó la posición del trópico mediante un pozo profundo, donde el Sol a mediodía del solsticio de verano se reflejará una sombra directamente sobre el agua en la profundidad del pozo, sin arrojar sombra sobre las paredes.

El pozo de Eratóstenes se encuentra en Elefantina una isla del Nilo opuesta a Siena, exactamente debajo de la primera catarata. (Fig.24)

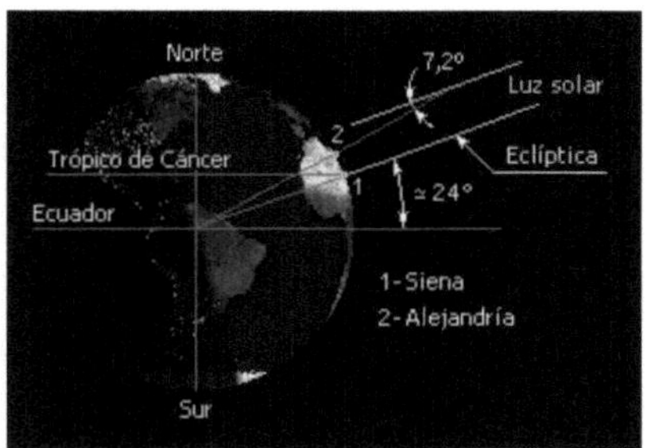

Figura 40. Calculo de la Circunferencia Terrestre.

La circunferencia de Eratóstenes equivale a 6.300 choinos[37] o 39.600 km, este resultado es increíblemente aproximado al valor verdadero de 40.120 Km. El valor obtenido tiene un error del 1%. La hazaña de Eratóstenes radica en su método, cualquiera que fuera el estadio usado daría un valor presumiblemente de la dimensión de la Tierra. Una hazaña.

La principal obra de Eratóstenes de geografía fue el "*Hypomneta geográfica*", teniendo en cuenta los fragmentos que llegaron a nosotros consta de tres partes: una introducción histórica, geografía matemática (medida de la Tierra y de su parte habitada) y mapas y descripciones o periegesis de países.

Cuando hablamos de Eratóstenes como astrónomo debemos mencionar a Galeno, quien postula que la geografía de Eratóstenes se ocupó del tamaño del Ecuador, la distancia de los círculos polares, el tamaño y distancia del Sol y de la Luna, los eclipses total y

---

[37] **Plinio** da cuenta que un schoinos equivale a 40 estadios, según los egiptólogos, los schoinos equivalen a 12.000 codos y el codo égipcio a 0,525 m. de ser así, el schoinos equivale a 6.300m.

parcial de esos cuerpos celestes y la variación de la longitud del día de acuerdo con las latitudes y las estaciones.

No se había dedicado solo a la geodesia, sino que había considerado los problemas astronómicos del momento. Estimó las distancias del Sol y de la Luna respecto a la Tierra en 780.000 y 804.000.000 estadios. Se interesó por el calendario.

ASTRONOMÍA EN EL SIGLO II a.C.

Seleuco el Babilonio (190 a.C.) fue el último defensor de las ideas de Aristarco hasta los tiempos de **Copérnico**. Para Sarton no tiene importancia como le llegó la teoría relativa a la rotación diurna de la Tierra y a su rotación anual alrededor del Sol, pero reconoció su valor e incluso fue el más afirmativo de ella que el propio Aristarco.

Las mareas del Mediterráneo eran tan pequeñas que escaparon a la observación. Sin embargo, las mareas mayores fueron pasadas por alto. Algunas habían sido observadas por **Piteas** en el Océano Atlántico y por **Hiparco de Nicea** en el Océano Índico. No fue difícil de detectar la influencia de la Luna. **Dicearco de Mesina** observó que además el Sol ejercía alguna influencia sobre ellas.

Posidonio de Apamea (135 – 51 a.C.) establecido en Rodas, estudia las mareas. Observó y dedujo que las "mareas diarias" estaban conectadas con la órbita y que las "mareas mensuales" con los ciclos lunares, realizando hipótesis sobre las conexiones entre los ciclos anuales con los equinoccios y los solsticios. Fue el primero en completar la teoría de dar cuenta de las mareas por la acción conjunta del Sol y la Luna, lo cual permitió explicar las que eran anormalmente altas o pleamar y bajas o bajamar. Estima la distancia Tierra – Sol, siendo sus resultados aproximadamente la mitad de la distancia real. En la medición del Sol consiguió la cifra más grande y más ajustada al valor real que la obtenida por Aristarco de Samos. Calculó también el tamaño de la Luna. Construyó una representación planetaria, que servía para seguir el movimiento de los cuerpos celestes. **Estrabón (64 a.C. -21)** había observado desigualdades periódicas en las mareas del Mar Rojo y vinculó las estaciones de la Luna en el zodíaco. Trató de dar cuenta de ellas mediante la resistencia de la rotación diurna de la atmósfera de la Tierra oponía a la Luna. Sus conclusiones fueron erróneas. (Tignanelli 2010).

Sarton sostiene que para hacer observaciones astronómicas se requiere un instrumental y el valor de las observaciones depende en gran medida a la bondad de los instrumentos empleados. **Hiparco de Nicea (190 -120 a.C.)** seguramente utilizó una esfera celeste para estudiar las constelaciones. Esto le permitió observar la forma y la alineación de las estrellas sin cálculos. (Fig. 25)

FIGURA 41. Hiparco de Nicea.

Su conocimiento de las estrellas fue gráfico al principio-dibujos sobre la esfera-. Es muy posible que usara un instrumento paraláctico, un cuadrante, un círculo meridiano y un astrolabio. Realizó gran número de observaciones que fueron notablemente precisas, fue el primero que dividió los círculos de los instrumentos en 360°.

Hiparco estaba resuelto a salvar los fenómenos, es decir, dar cuenta de la exactitud de las observaciones acumuladas con un mínimo de hipótesis sistemáticamente elaboradas.

Su cautela científica llegó a tal extremo que rechazó la teoría heliocéntrica que había sostenido Aristarco de Samos y reafirmado por su contemporáneo, Seleuco el Babilonio.

Según Sarton, Hiparco es el responsable de la formulación de lo que frecuentemente se ha llamado Sistema Ptolemaico como contrario al Sistema Copernicano. Debemos elogiarlo como defensor de la teoría de Aristarco, al margen de los prejuicios pitagóricos según los cuales los movimientos celestes debían ser circulares, estos fueron descartados por Kepler en 1609. No deja de ser extraño pensar que el llamado sistema copernicano fuera definido antes del ptolemaico.

 Hiparco postuló su teoría de la precesión de los equinoccios (primavera – otoño). Son puntos de intersección sobre la esfera celeste de dos círculos máximos, el Ecuador y la Eclíptica. Esta última puede suponerse fija, pero no el Ecuador que se desliza lentamente. El punto vernal avanza sobre la eclíptica 50''2 por año, precede al Sol en esa misma magnitud. Por esa razón el ángulo de los dos círculos secantes (la oblicuidad de la eclíptica) disminuye cerca de medio segundo por año 0'' 48.

El Ecuador se mueve o se desliza como lo hace porque se mantiene siempre perpendicular al eje de la Tierra, describe un cono alrededor de la eclíptica.

El equinoccio entonces retrocedería y así sucesivamente, oscilando alrededor de una posición normal. Los astrónomos árabes del siglo IX rechazaron la precesión, pero Copérnico (1543) no. Brahe (1546- 1601) y Kepler (1571-1630) abrigaban dudas respecto a la regularidad y continuidad de la precesión. El fenómeno fue explicado totalmente y eso hizo posible tras el descubrimiento de la gravitación universal por parte de Newton que explico la precesión en sus Principia (1687).

El eje de la Tierra se comporta como un trompo merced a la atracción del Sol y de la Luna sobre la faja ecuatorial. La teoría fue explicaba nuevamente por Euler en 1736 y generalizada en 1756.

Hiparco descubrió la precesión y la midió, pero no la pudo comprender ni atisbar sus causas. Pudo distinguir el año sideral de trópico (más corto), es decir, el intervalo entre dos pasos del Sol y una estrella dada, del intervalo entre dos pasos por el equinoccio que se adelanta (precesión). Comparó dos observaciones del solsticio de verano, una efectuada por él mismo y otra por Aristarco de Samos y encontró que el año trópico era menor que el sidéreo.

También realizó junto con Aristarco una investigación sobre las distancias y los tamaños del Sol y la Luna. A pesar que los valores se hallaban muy alejados de la verdad, apenas cuentan ya que descubrieron el método para hacerlo.

Los descubrimientos de Hiparco acerca de la precesión y la nova de 134 a. C. fueron fruto de su catálogo estelar de aproximadamente 850 estrella, pero cada una de ellas dio las coordenadas eclípticas (latitud y longitud) y la magnitud.

Los babilonios no solo habían acumulado una gran cantidad de observaciones, sino que habían iniciado la costumbre de referir las estrellas a la eclíptica, es decir, medir longitudes en lugar de ascensiones rectas. Esto facilitó el trabajo de Hiparco para el descubrimiento de la precesión.

Las teorías lunar y planetaria de Hiparco derivaron parcialmente, según Sarton de las observaciones babilónicas o caldeas. Ptolomeo lo explicita en su Almagesto que las determinaciones de Hiparco de la longitud de mes (sinódico, sideral, anomalístico, diacrónico) corresponden exactamente con las que se encuentran en las tabillas caldeas contemporáneas.

Hiparco necesitó los datos babilónicos para descubrir la precesión y lograr una mayor exactitud en sus propios resultados. Por otro lado, las conquistas alejandrinas (334-323 a.C.) y las guerras de los diádocos (322 – 275 a.C.) habían provocado un tremendo remolino de personas y de ideas del Cercano Oriente. Según Sarton algunos astrónomos caldeos pudieron influir en los griegos y viceversa.

Hiparco dominó toda la astronomía de los dos siglos antes de Cristo, así como Ptolomeo dominaría el final de la Antigüedad y la Edad Media. Hubo otros astrónomos cuyas variadas actividades ilustran el avance de las investigaciones.

Hipsicles (240 – 170 a.C.), matemático anterior a Hiparco, carecía de conocimientos de trigonometría. Escribió un tratado, anaphoricos, sobre la salida y puesta de los signos zodiacales, en el cual los tiempos de salida y puesta se determinaban arbitrariamente a la manera babilónica. Los tiempos de salida de los signos Aries a Virgo forman una progresión ascendente, los de los signos desde Libra y Piscis de manera descendente. Fue el primer griego que dividió el circulo zodiacal en 360° y estableció una distinción entre el grado del espacio (moira topice) que es 1/360 parte del círculo del zodiaco y el grado de del tiempo (moira chronice) que es 1/360 parte del lapso que cualquier porción del zodíaco necesita para volver a una posición dada.

Arriano (256 – 336 a.C.) escribió tratados de meteorología y sobre los cometas.

El **Papiro de Eudoxo** fue encontrado en Alejandría centro principal de los estudios astronómicos. En virtud de un acróstico, en el comienzo reza Eudoxo Techne, se ocupa de astronomía y del calendario. Tiene apariencia de un libro escolar de apuntes. Los datos astronómicos corresponden a la latitud de Alejandría y a los años 193 -190 a.C., de gran importancia como testimonio de enseñanza y pensamiento astronómico.

Teodosio de Bitina (160 – 100 a.C.) había nacido en Anatolia, escribió "En las habitaciones" y "Sobre las noches y los días" en el que cuenta que la noche es un período de oscuridad y el día un lapso de luz. En el primer libro explica la visión del universo debido a la rotación de la Tierra y en particular, considera como la visión es afectada en diferentes lugares de la Tierra. Mostró la diferente longitud del día y de la noche para distintos puntos de la Tierra y postuló que le día dura siete meses en el polo norte, mientras que allí mismo, la noche sólo cinco meses. Además, consideró que el Sol se hallaba al menos 15° debajo del horizonte. Completó los elementos de Euclides, llegaron hasta nuestros días tratados que consignan posiciones de las estrellas en distintas épocas del año, tal como se ven en desde los diferentes puntos de la Tierra. Explica la visión del universo debido a la rotación de la Tierra. (Tignanelli, 2010)

Según **Cleomedes,** las medidas de la Tierra de Posidonio se fundaron en datos erróneos. Éste escribió un tratado sobre el movimiento cíclico de los cuerpos celestes (*cycle theoria metheoron*), que es un buen resumen de astronomía esférica. Su trabajo lo dividió en dos libros: el primero explica el mundo infinito, rodeado de un vacío infinito, define círculos terrestres, discute la inclinación del zodíaco sobre el ecuador, mientras que el segundo se encarga de la dimensión del Sol, las explicaciones sobre las fases de la Luna y de los eclipses, y datos referidos a los planetas. También realizó algunas observaciones sobre la refracción y la refracción atmosférica.

Gemino de Rodas, su vida es prácticamente desconocida, fue discípulo de Posidonio al igual de Cleomedes, en su matemática siguió a Euclides y en astronomía a Hiparco y los babilonios. En su introducción astronómica utilizó un método babilónico para calcular la velocidad angular de la Luna en el Zodíaco. Según Sarton abarca todo el campo de la astronomía de una manera elemental y es una fuente estimable para la historia de la astronomía griega. El libro de Gemino fue traducido al árabe y a su vez al latín por Genaro de Cremona. Existe una versión hebrea de 1246. Tenía conocimientos sobre constelaciones, la sucesión de los días y las noches, surgimiento y puesta de los signos zodiacales, y los eclipses.

Jenarco el Seléucida, filósofo peripatético escribió un tratado en el que tiene la valentía de cuestionar los principios de Aristóteles: los movimientos de los cuerpos celestes no son exclusivamente circulares, uniformes y homocéntricos.

Alrededor del año 100 a.C. el astrónomo griego **Andrónico de Cirro o Androniculs Cyrrthestes,** construye en Atenas el observatorio astronómico más antiguo del mundo, que todavía puede visitarse. Se lo conoce como la "Torre de los Vientos".[38] (Tignanelli, 2010). (Figs. 26 y 27)

Figura 42. Torre de los vientos.

---

[38] Tiene forma octogonal, con figuras talladas a cada lado que representan los ocho vientos principales. En la antigüedad en la cumbre de la torre se hallaba una figura de bronce de Tritón, que tenía una vara en la mano que podía girar con el viento y apuntaba entonces en dirección al mismo.

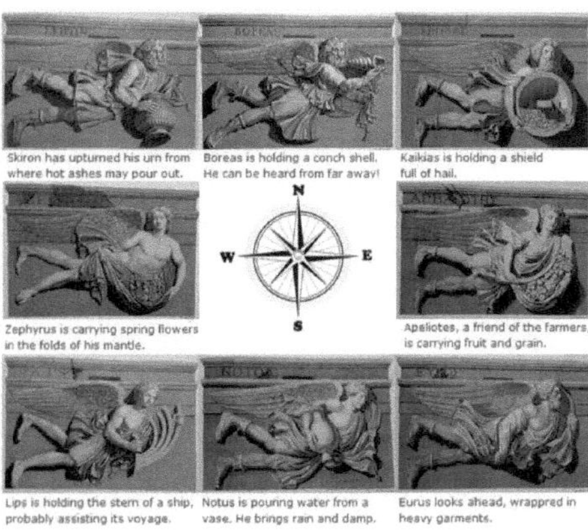

Figura 43. Vientos.

CAPITULO III

ASTRONOMÍAS NO CONSIDERADAS POR SARTON

Para trabajar el desarrollo de la astronomía china y de la India no tenida en cuenta por George Sarton se trabaja con las investigaciones de Horacio Tignanelli.

Astronomía China

La ideología China se presenta bajo el dominio de la **polaridad universal del yang y del yin**, lo masculino y lo femenino, lo positivo y lo negativo, principios ambos de la vida. **Yang** es lo masculino, la luz, el calor, lo activo, es el cielo, el sol, las rocas y las montañas, la bondad. **Yin** es lo femenino, la oscuridad, el frío, lo pasivo, es la tierra, el agua, el desorden y el mal.

Como consecuencia de la lucha entre el yang y el yin, surgen los cinco elementos primordiales: agua, fuego, madera, metal y tierra, que se suceden en forma circular, cada uno de ellos es capaz de vencer al que le sigue de manera: el agua apaga el fuego, el fuego quema la madera, y la tierra sirve como obstáculo del agua.

Los pensadores chinos correlacionaban los cinco elementos con las diversas cualidades sensibles, los objetos distintos y los fenómenos de la naturaleza. Cuatro elementos, excluyendo la tierra situada en el centro, se relacionaban con los cuatro puntos cardinales y las cuatro estaciones. En cuanto a los movimientos el ascendente se le atribuía al fuego, y el descendente al agua.

Sin duda alguna los primeros astrónomos chinos fueron hombres. Todo ejemplo de dualidad puede expresarse en términos de yang y yin. El origen sexual de toda forma viviente, el hecho de necesitar todo niño dos padres, se extendió a todo el universo.

En la filosofía china antigua encontramos el concepto de "ley natural" que fue desarrollada por los taoístas, su fundador fue el legendario Lao Tsé que plantea que la ley natural está en la base del universo y dirige el movimiento de las cosas en constante transformación.

En el tao la "voluntad celestial" a diferencia de las religiones tradicionales, era concebido como una necesidad de la misma naturaleza, como lo natural. El conocimiento del tao permite al hombre dominar y utilizar los objetivos del modo más conveniente.

En los siglos II y III el taoísmo se complejizó incorporando elementos de alquimia y magia.

El matemático Siuñ Tsi negaba la existencia de la voluntad celestial y consideraba el cielo como parte de la naturaleza.

Según Liu Tsi (siglo IV a.C.) el arco iris, las nubes, la niebla, el viento y la lluvia, es decir los fenómenos atmosféricos principales, se hallan condicionados por acumulaciones y modificaciones del aire y forman el cielo. Las montañas y las colinas, los ríos y los mares, los metales y las piedras, es decir todo lo que posee una forma determinada y constituye el mundo terrestre, son asimismo transformaciones de un mismo principio.

En los textos chinos antiguos, se pueden encontrar explicaciones muy diversas de fenómenos como el viento o el trueno desde su interpretación como voces o mandatos celestiales hasta su concepción puramente física como movimientos del aire.

Astrónomos Chinos alrededor del 2377 a.C. desarrollaron el primer calendario solar de que se tienen registro y realizaron una descripción de las Pléyades. Tchang–Kang realizó el primer registro de un eclipse de Sol.

Hi y Ho, los astrónomos reales predijeron un eclipse en el año 2134 a.C. es el registro más antiguo que se conoce y corresponde al 22 de octubre. El día del eclipse según la interpretación del fenómeno, se batían tambores, se entonaban cánticos y se tiraban flechas al cielo, tratando de herir al dragón que se devoraba al Sol.

 A partir del año 1766 a.C. y durante todos los años que duró la dinastía Shang, los chinos utilizaron un ciclo de 19 años o 235 lunaciones, para medir el tiempo. Este ciclo sería conocido luego como el Ciclo de Metón, debido a Metón de Atenas quién lo determinará hacia el 432 a.C.

La aparición de una nueva estrella cerca de Antares en la Constelación de Escorpio fue registrada por astrónomos chinos y su registro fue encontrado grabado en un hueso.

Hacia el 1200 a.C. todavía regidos por la dinastía Shang realizan el primer registro de manchas solares, llamándolas "motas oscuras". Entre 1104 y 1098 a.C. Chew – Kong realizó y registró sus observaciones astronómicas, que llegaron hasta nosotros.

La Carta de Estrellas de Dunhag, es el primer mapa del cielo nocturno producido en China Central alrededor del 700a.C. que contiene más de 1300 estrellas observables a ojo desnudo. (fig. 28)

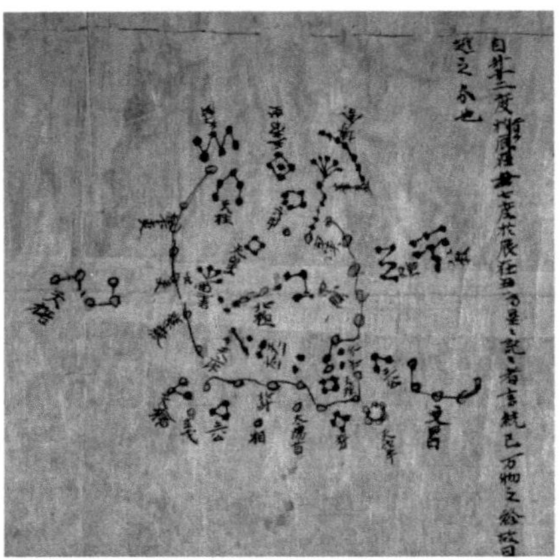

Figura 44. Catálogo estelar de Dunhuag.

Los astrónomos chinos registraron la aparición de una estrella huésped (supernova) en la zona donde hoy se reconoce la constelación Águila (532 a.C.).

 También existen registros de estrellas nuevas o estrellas huésped (352 a.C.) y de la aparición de un cometa. Luego se supo que se trataba de Halley (467 a.C.).

Alrededor del 350 a.C. Shih – Shen realizó un catálogo estelar con información de aproximadamente 800 estrellas.

Aproximadamente un poco más de un siglo después la cosmología china se debate entre dos concepciones: por un lado, la de Hun Thiem con un universo esférico, sustentada por los confusionistas, y por el otro, la de Hsuan Yeh, con un universo sin forma, infinito y vacío de corte taoísta (el tao era el camino de la naturaleza, del hombre y de todo proceso cósmico).

Se siguen registrando las manchas solares, en el 165 a.C. las describen como bandadas de grullas en el Sol.

Unos años después se inventa la brújula y es utilizada por algunos navegantes chinos para llegar a la costa oriental de la India.

En los primeros siglos de nuestra era, existen rastros de que astrónomos chinos inician el proyecto de la construcción de una esfera armilar para medir las posiciones de los objetos celestes, empezando por un anillo metálico que representa el Ecuador. Incluye al final un anillo que representa la trayectoria de los planetas, otro que representa el meridiano y un reloj de agua.

Se registra la presencia de una estrella huésped o supernova en la Constelación Centauro alrededor del 184 d.C. y otra en la Cola del Dragón en la actual Constelación

Escorpio. Hu Hsi determina la precesión de los equinoccios como 1° cada cincuenta años.

Al parecer que los chinos habían fijado la duración del año en 365, 25 días aproximadamente en el 2000 a.C. y que su antiguo calendario era bastante semejante al actual. La fuente más importante de los antiguos calendarios, es la obra de Ku Chin Lu Li Khao del 1600 d.C., en la que menciona más de un centenar de calendarios utilizados por las distintas dinastías.

El período más importante de tiempo para los antiguos chinos no era el año sino una serie de combinaciones de ciclos de 60 días (dos lunas divididas en seis períodos de diez días cada uno). El año posteriormente utilizado era de tipo lunar compuesto por 12 meses o lunaciones de 29 y 30 días. Cada mes se dividió en décadas.

Por medio de las observaciones, los astrónomos chinos fijaban la fecha del año nuevo en el solsticio de invierno. Para hacerlo controlaban la sombra proyectada por un pilar vertical o gnomón al mediodía de esa fecha.

Cuando el día en que observaban la sombra más larga no coincidía con la fecha indicada por el calendario lunar, el emperador modificaba por decreto la duración del año.

Parece ser que también conocían un ciclo lunar de diecinueve años, muy semejante al de Metón, el ciclo en que se repiten las mismas fases lunares en las mismas fechas del año. Posiblemente el descubrimiento no fue suyo, sino que procedía de Grecia o Babilonia. La división del día en 12 partes refleja casi con seguridad la influencia de los caldeos.

En el pasado el intercambio de información, sobre todo cultural era muy activo y muchos descubrimientos realizados en zonas de influencia griega y persa se difundieron ya en la remota antigüedad hasta la India e incluso hasta China.

Aproximadamente en el cuatrocientos de nuestra era, Zu Chongzhi le propone al emperador un nuevo calendario llamado "Tam–ing" o calendario luminoso basado en un ciclo de 391 años. Cada 144 años de los 391 años se debía insertar un mes extra para completar los 4836 meses en 391 años. Comenzó a usar recién en 464. Es el primer calendario chino que tiene en cuenta la precesión de los equinoccios.

Astronomía de la India

En la antigua India, los representantes del materialismo más riguroso eran los partidarios del sistema Charvaka (otra de sus denominaciones era Lokaiata), que se aplica a lo terrenal. Sólo existe una realidad lo que es accesible a los órganos de los sentidos, de ahí que existan sólo cuatro elementos primarios: tierra, agua, aire y fuego. En cuanto al éter (akasha), los adeptos al sistema charvaka negaban su existencia por no ser accesible a la precepción sensorial, así como también la ley de la casualidad: no hay garantía alguna de lo percibido de una manera en el pasado se perciba de la misma manera en el futuro.

La escuela Vaisheshika cuyo origen se puede situar en el siglo V a.C., se vincula al sistema del sabio apodado Kanda. Según su doctrina los cuerpos materiales se conforman de pequeñísimas partículas invisibles (pramanu). Los átomos son indestructibles ya que destruir significa dividir en partes, existen desde siempre, pues todo origen se basa en combinaciones de partes y los átomos carecen de ellas.

Existen cuatro clases de átomos, cuantitativamente distintos entre sí: de tierra, de agua, de aire y de luz, los cuales engendran las correspondientes cualidades sensoriales: olfativas, gustativas, táctiles y visuales, a las que responden las cualidades que existen objetivamente en los elementos más primarios.

Las cuatro especies de sustancias restantes son inmateriales: tiempo, espacio, alma e inteligencia. Existen varias cualidades más, el sonido vinculado al éter, el número, la magnitud, el esfuerzo, el peso, la fluidez, la viscosidad y la tendencia.

El peso se define como la causa de la caída de los cuerpos, la viscosidad inherente sólo al agua como la causa de la adhesión de las partículas. Hay distintas clases de tendencias, como son la velocidad, que caracteriza el movimiento de las cosas, la elasticidad que restablece la forma de las mismas. Se cuentan con cinco clases de acción física o movimiento: ascenso, descenso, dilatación, contracción y traslación.

Las representaciones físicas de la escuela Vaisheshika fueron adoptadas por la Escuela Ñiaia que surgió a finales del siglo I y se vincula con el nombre del sabio Gotama.

El Sistema Sankj presenta semejanzas con el sistema Vaisheshika en lo que respecta a la doctrina de las sustancias físicas. Ligado al sabio Kapila, esta escuela floreció entre los siglos II y VII. Admitía la existencia de cinco elementos sutiles (*tanmatra*) y los correlacionaba con las cinco clases de cualidades sensoriales, aunque entendía que los elementos propiamente dichos, son inaccesibles a la percepción sensorial y accesible únicamente por medio de raciocinios lógicos.

La tierra posee cinco propiedades: sonido, cualidades perceptibles: tacto, color, gustativas y olor. El agua carece de olor. La luz o el fuego carecen de sabor y olor. El aire posee dos propiedades, el sonido y las cualidades perceptibles al tacto. El éter posee solo una cualidad el sonido.

El desarrollo del universo se explicaba en este sistema de manera dualista, por la influencia de dos principios igualmente primarios: la materia primera y el espíritu.

Debemos señalar la diferencia con el atomismo sostenido por los antiguos griegos. Los atomistas indios atribuían a los cuerpos cualidades de existencia objetiva y según el sistema Vaiseshika, los átomos no contenían en sí mismos la fuente de su movimiento.

El primer texto conocido donde aparecen referencias a la medición del tiempo en la India es el Vedanga Syautisa, que se remonta al 1300 a.C. En él aparece indicado un importante período de cinco años de duración que recibe el nombre de yuga. Se componía de 1830 días, es decir, 62 meses sinódicos y la duración del mes era por lo tanto de 29,5 días.

Los antiguos indios conocían así el mes sidéreo (el tiempo que emplea la Luna para pasar de una conjunción a otra con la misma estrella).

El calendario lunisolar estuvo en uso desde el 1300 al 400 a.C., cuando fue sustituido por el calendario Siddhanta Iyautisa basado en las posiciones del Sol sobre la eclíptica. Actualmente en las distintas regiones de la India se utilizan tres calendarios diferentes: uno de ellos es el **solar** llamado Surya Siddhanta que tiene una duración de 365, 25 días y se compone de doce meses vinculados con los signos zodiacales. La duración de cada mes viene dada por el tiempo que emplea el Sol en atravesar el correspondiente signo zodiacal y varía entre 29 y 45 días. Los dos **lunisolares** están concebidos de tal forma que un año se compone de 12 meses a los cuales se le añade otro período llamado Adhika, es un período de 19 años lunares al que se le añaden 7 meses intercalables, para que el año coincida con las fechas de las estaciones. Los dos calendarios se distinguen por el hecho de que en uno de ellos el mes comienza con el plenilunio y el otro con el novilunio.

Astronomía Prehispánica.

El conocimiento astronómico, la precisión para medir el tiempo en el mundo mesoamericano y la observación del cielo jugaron un papel fundamental para definir los rasgos culturales de las civilizaciones mesoamericanas.

Tanto los cazadores – recolectores nómadas como los sedentarios tuvieron en la práctica astronómica una herramienta para establecer patrones espaciales y temporales.

Como observadores de la naturaleza trasladaron ingeniosamente el comportamiento de los objetos celestes a su ámbito ideológico, situándolos en la más alta jerarquía religiosa. Un aspecto destacado de la astronomía mesoamericana fue la edificación de grandes estructuras arquitectónicas y el establecimiento de las trazas urbanas orientadas hacia los fenómenos celestes. El Sol para los mesoamericanos fue el astro más importante por la regularidad de su movimiento aparente.

Los **mayas (2.000 a.C. y 1670)** ocuparon un extenso territorio que incluía el sureste de México y el norte de América Central: abarco la península de Yucatán, la totalidad de Guatemala y Belice.

Para los mayas el Sol representaba la manifestación más sagrada del universo. Tenían su propio calendario solar, conocían la periodicidad de los eclipses y la salida helíaca del planeta Venus. Conocían con gran exactitud las revoluciones sinódicas de los planetas: Mercurio, Venus, Marte, Júpiter y Saturno. Calcularon los períodos de la Luna y el Sol, así como también el de la Pléyades que señalaban el inicio de las festividades religiosas

Los observadores hispanos dedicaban especial atención al planeta Venus debido a su movimiento aparente y lo reconocían como deidad. Quetzalcóalt, la serpiente emplumada fue identificada con Venus como la estrella matutina.

Su cosmología se basaba en la Vía Láctea a la que denominaban Waka Chan. Los pueblos mesoamericanos elaboraron documentos pictográficos conocidos como Códices donde plasmaron sus ceremonias religiosas, sus hechos históricos y fenómenos astronómicos.

Los códices mayas contienen la mayor cantidad de información astronómica, así como también su sistema jeroglífico muy elaborado utilizando un discurso basado en cuentas vigesimales.

El **Códice de Dresden** fue el resultado de una cuidadosa labor de observación. Data de los siglos III y IV a.C., en él se registran 65 períodos sinódicos[39] de Venus y está relacionado con el año solar de 365 días más 5 días aciagos.

Como consecuencia de la observación del cielo, en Mesoamérica se desarrollaron diversos criterios para establecer la orientación de las grandes estructuras arquitectónicas. Por eso desde la época arcaica se habían percatado que diversos eventos solares definían las direcciones particulares en el paisaje. A cada alineación se le asignaba un valor simbólico adicional. Podemos mencionar algunos alineamientos astronómicos:

> Conjunto E de Uaxactún (Guatemala).

> La Gran Pirámide de Cholulá orientada a la puesta del Sol en el día del solsticio de verano, al igual que la traza de la ciudad.

---

[39] Tiempo que tarda un astro en volver a aparecer en el mismo punto del cielo con respecto al Sol, cuando se lo observa desde la Tierra.

➤ Pirámide del Sol en Teotihuacán, fue el primer templo de esa ciudad. Su eje de simetría y la línea perpendicular, es decir, la Avenida de los Muertos, definen la traza urbana. La alineación al frente de la pirámide se da en el ocaso.

➤ Templo Superior de los Jaguares, en la cancha de pelota, en Chichén Itzá, la ventana central del observatorio de El Caracol en esta misma ciudad maya, el Templo Mayor Tula, el Edificio de los Cinco Pisos en Edzna.

➤ El Observatorio Cenital de Xochicalco fue construido de manera que el primer día en que los rayos solares penetran hasta el suelo de la cámara de observación es el 29 de abril y el último día después del cual ya no incide el haz luminoso sobre el suelo es el 13 de agosto.

➤ El Templo Mayor de Tenochtitlán, el sitio donde se erigió el principal edificio mexica. Tiene dos aposentos separados por un estrecho pasillo. El aposento Norte estaba dedicado a Tláloc y el Sur al dios de la guerra con atributos solares.

Los **Aztecas (1428 – 1521)** se establecieron en el centro del valle de México, expandiendo su control hacia ciudades –estado, ubicadas en los actuales territorios de: México, Veracruz, Puebla, Oaxaca, Guerrero, la costa de Chiapas y parte de Guatemala. El territorio abarcó relieve y climas variados.

La astronomía ejercía gran influencia en su cultura. Tuvieron un gran desarrollo arquitectónico en la construcción de grandes edificaciones, en honor al Sol, la Luna y otros astros. En ellas se realizaban sacrificios, los que según su pensamiento mágicoreligioso aseguraban el correcto funcionamiento astral y la prosperidad del imperio.

El cielo (Ometecuhtli) representaba el principio masculino y la Tierra (Omecíhuatl), el femenino. Las eras en la cosmología azteca estaban definidas por soles, cuyo final estaba marcado por cataclismos. El primer Sol o Nahui-Oceloti (jaguar) era un mundo poblado por gigantes que fue destruido por jaguares. El segundo Sol o Nahui – Ehécati (viento) fue destruido por un huracán. El tercer Sol o Nahuiquiahitl, por una lluvia de fuego. El cuarto Sol o Nahui – Ati (agua) fue destruido por un diluvio. Y el quinto Sol o Nahui- Ollin (movimiento) está destinado a desaparecer por movimientos de la Tierra.

El calendario azteca o **Piedra del Sol** es el monumento más antiguo que se conserva de la cultura prehispánica. Se trata de una gran piedra circular con cuatro círculos concéntricos, esculpida a lo largo de 52 años (1427 – 1479). En su centro se distingue el rostro de Tonaticuh (Dios Sol) adornado con jade sosteniendo un cuchillo en la boca.

Los cuatro soles o eras, se encuentran representados por figuras de forma cuadrada que flanquean al quinto sol, en el centro. El círculo exterior está formado por veinte áreas que representan los días de cada uno de los dieciocho meses de que constaba el calendario azteca[40].

Figura 45. Piedra del Sol.

Para los aztecas, la sucesión de los días y las noches se explicaba por constantes luchas por los astros principales. Como era muy difícil observar la Luna durante el día e imposible hacerlo con las estrellas, los aztecas interpretaban que el Sol naciente (Huitzilopochitli) mataba a la Luna (Coyolxauhqui) y a las estrellas.

La astronomía era muy importante, dado que formaba parte de la religión. Construyeron observatorios que permitieron medir con gran exactitud las revoluciones del Sol, la Luna, y los planetas Venus y Marte. Un gran avance de esta civilización fue la predicción de eclipses solares y lunares, así como también el paso de cometas o "estrellas que humean" y estrellas fugaces.

Los sacerdotes y nobles aztecas realizaban las labores de observación celeste según rituales nocturnos que les permitían definir sus calendarios. Contaban con dos que se acoplaban entre sí: por un lado, el calendario Ritual (Tonalpohualli) o recuento de los días que consiste en un ciclo de 260 días que se utilizaba para la adivinación, un almanaque sagrado con el que se aseguraban las ceremonias religiosas y la previsión del futuro. Por otro lado, tenían un calendario Solar anual (Xiuhpohualli) o recuento de los años, que era un ciclo de 365 días y regulaba la ronda anual de festividades según cada estación. El comienzo del solar anual debía alinearse con el comienzo del ritual cada 52 años, lo que definía la realización de actividades religiosas significativas.

Al igual que todos los pueblos mesoamericanos, agruparon las estrellas brillantes en asociaciones aparentes o constelaciones.

---

[40] Como la suma daba 360 días (18 meses de 20 días), para completar los 365 días del año solar los aztecas incorporaban 5días aciagos, llamados "nemontemi" o "días de sacrificio".

Los templos eran lugares altos para poder seguir la salida y puesta de los astros, por eso las líneas equinocciales servían de orientación, determinando la traza urbana de la ciudad.

Los **incas** se establecieron en el Tawatisuyu abarcando los actuales territorios de Colombia, Ecuador, Perú, Bolivia, Chile y Argentina. Su apogeo fue durante los siglos XV y XVI. Dominaron América durante largo tiempo y llegaron a tener grandes conocimientos astronómicos, construyendo observatorios y estructuras para determinar solsticios y equinoccios.

Han llegado hasta nuestros días crónicas incompletas sobre el desarrollo astronómico incaico. Tenían un avanzado conocimiento de la bóveda celeste que utilizaron para sus actividades políticas, religiosas y agrícolas. Conocían la revolución sinódica de los planetas, observaron pacientemente el Sol y determinaron los solsticios y equinoccios.

El calendario incaico fue de difícil interpretación dado que las fuentes disponibles para tal fin fueron escasas. La forma de medir el tiempo era muy compleja y también es probable que en las diversas regiones del imperio existieran simultáneamente varios calendarios distintos.

Algunos cronistas españoles aludieron a la coexistencia entre la gente común, es decir, entre los campesinos, de un antiguo calendario solar y de otro más moderno basado en el mes sidéreo. Además, debía existir un tercer calendario solar utilizado por los administradores del imperio.

Guamán Poma de Ayala y Cristóbal de Molina, entre otros cronistas, coinciden en que los años incas se dividían en 12 meses. El mes recibía el nombre de **quilla,** termino derivado de la raíz **quix** que significa Luna.

Los incas sabían determinar los solsticios y equinoccios, ya que las fechas más importantes de su año coincidían precisamente con estos acontecimientos celestes[41]. La existencia de estas festividades indica que los incas conocían las estaciones y en consecuencia el año trópico, aun cuando desconocieran la duración que le atribuían[42].

Tom Zuidema (1927 – 2016) arqueoastrónomo, afirma que los incas aplicaban una división del año en meses sidéreos[43] como parece confirmarlo la existencia de 238

---

[41] La fiesta inca Inti Raymi o Fiesta del Sol se celebraba coincidiendo con el solsticio de invierno, que en el hemisferio austral corresponde al mes de junio, luego la Fiesta Uma Raymi en el equinoccio de septiembre y a continuación, la de Capac Inti Raymi en el solsticio de diciembre. La última era la del Inti Raymi (Paucar Huaray) en el equinoccio de marzo.

[42] Los incas empleaban varios tipos de meses distintos: un mes sinódico de 29 o 30 días, un mes solar de 30 días y un mes lunar de 27,3 días.

[43] de 27, 3 días (12 X 27,3 = 238 días)

huacas o "lugares sagrados" en el interior de la ciudad. Siendo esto correcto les faltaba un mes para completar el año trópico, todavía sigue siendo un misterio como lo hacían.

Zuidema y Antony Aveni (1938) revelaron que en la ciudad de Cuzco existen numerosos puntos de referencia que los incas utilizaban para establecer las fechas más importantes mediante observaciones precisas de fenómenos del horizonte.

En el centro de la ciudad se encontraba el templo más importante de todo el imperio, el "Templo del Sol" Según la descripción del inca Garcilaso contaba con una sala dedicada al Sol, otra a la Luna, otra a las Pléyades, una cuarta a Venus y otras más dedicadas a los fenómenos atmosféricos. En el centro del edificio había una especie de patio desde donde se podían observar representaciones en oro sólido de los bienes producidos por el imperio.

En la actualidad sólo se conservan los cimientos. Se ha comprobado que el eje del edificio estaba orientado hacia el punto de orto helíaco de las Pléyades en torno al 6 de junio, fecha muy importante porque anunciaba el inicio del año, en el segundo cuarto creciente anterior a la fiesta de Inti Raymi, el 21 de junio.

Otros momentos importantes del año eran los días en los que el Sol pasaba por el cenit en torno al 30 de octubre y el 13 de diciembre.

Para los Incas, la Vía Láctea constituía la personificación celestial de su río sagrado o río celestial que recorría el Valle Sagrado: el Willka Mayu o Río Mayu (río Vilcanota). Al observar la Vía Láctea durante, la noche encontraron la existencia de zonas oscuras, las llamadas "Constelaciones Oscuras" que representaban animales mitológicos.

Las distintas posiciones del río celestial eran importantes para establecer los ejes matrices de la geografía del Tawantisuyu (Noreste – Sudoeste y Noroeste – Sudeste). Así, durante los equinoccios, el Hatun Mayu servía para establecer ciertas direcciones en el horizonte para vincular los Suyus o regiones con la gran capital y darle un verdadero rol geopolítico, el centro del Tawantisuyu.

CAPÍTULO IV
GEORGE SARTON Y SU LEGADO

Sarton en "La vida de la ciencia" (1952) hace un breve recorrido por la evolución de la ciencia hasta la Edad Media, período que más le fascino y al que más tiempo dedico en su investigación.

Para él el progreso implica la conservación segura de lo que ya se posee. Las evoluciones que condujeron a cada uno de los descubrimientos fueron lentas y prepararon el campo para nuevos avances en el conocimiento humano. Alrededor del tercer milenio antes de Cristo los pueblos Egipto y Mesopotamia ya habían alcanzado un elevado grado de cultura incluyendo el uso de la escritura y gran cantidad de conocimientos astronómicos, matemáticos y médicos.

Oriente y occidente son dos modos de ser, del mismo hombre. La astronomía griega fue en gran medida de origen babilonio, aunque también se inspiró en modelos egipcios. La influencia babilonia continuó haciéndose sentir a través del tiempo, por ejemplo, las observaciones y registros de Kidinnu que fueron utilizadas por Hiparco para postular la "precesión de los equinoccios".

El espíritu de la ciencia griega que realizó tales milagros en un período de aproximadamente cinco siglos y que los triunfos de aquellos científicos se basaron en la ciencia oriental, dado que sin ella no hubieran construido nada, además podría decirse que los padres de la ciencia moderna son Egipto y Mesopotamia. Debemos tener en cuenta las influencias de las zonas más orientales del Mediterráneo que tuvieron gran importancia en el desarrollo de la ciencia moderna tal como la conocemos ahora.

Mientras los filósofos griegos buscaron dar una explicación racional del mundo, los hebreos establecieron una unidad moral de la humanidad. El desarrollo de la ciencia griega y la hebrea crecieron en forma independiente y complementaria, no por esto menos importantes. Sarton plantea que el espíritu de ambos pueblos era incompatible, no hubieran podido desarrollarse juntas y menos corregirse mutuamente, sino que se hubieran destruido entre sí. Era necesario que cada una se identificara sobre su propia base. Al final de los tiempos antiguos lograron unirse.

Recordemos que Grecia fue conquistada por Roma y al pasar el tiempo, ella conquistó a sus conquistadores. El espíritu fue subyugado y la ciencia romana hasta la de sus mejores tiempos, no fue sino un pálido reflejo de la ciencia griega.

El desarrollo del cristianismo fue el primer intento fallido de reunir el espíritu griego y hebreo. Para Sarton, aquel espíritu griego, aquel amor desinteresado por la verdad es la fuente misma del conocimiento, que finalmente ahogado por la combinación del utilitarismo romano y el sentimentalismo cristiano.

Bajo la influencia de la educación cristiana combinada con la estrechez mental de los romanos, Sarton sostiene que la conexión con la cultura griega se hizo cada vez más floja. La degradación del pensamiento se pone en evidencia dado que hasta en el Imperio Bizantino, donde no existía barrera lingüística para la transmisión de la ciencia antigua, gran parte de esta quedó ignorada.

El contacto entre la antigua Grecia y la cristiandad occidental se hubiera roto completamente si no hubiera intervenido otro pueblo oriental, los árabes. Esta fue la tercera vez que el impulso creador vino de Oriente.

Esta fue la tercera oleada de sabiduría. La primera y la más fundamental de todas, vino de Egipto y Mesopotamia, la segunda de Israel y si bien ella sólo influenció la ciencia de manera indirecta, también fue de incalculable valor y la tercera vino de Arabia y Persia.

Alrededor del 600 un nuevo profeta, Mahoma, que había logrado unir las tribus árabes e inspirarlas en un fervor único que más tarde le permitiría conquistar el mundo. Damasco fue tomada en el 635, Jerusalén en el 637, la conquista de Egipto en el 641 y la de Persia al año siguiente.

En esta época los musulmanes gobernaban una vasta zona que se extendió más allá del mundo conocido (desde Asia Central hasta el Lejano Occidente). La conquista de Persia fue importante porque puso a los invasores en contacto con una antigua y refinada civilización: la del Irán.

La dinastía de los califas musulmanes abbasies[44] (750 – 1258) establecieron su capital en Bagdagh sobre el Tigris, convirtiéndola en el centro cultural, científico y económico de la civilización mundial. De los Indios aprendieron aritmética, álgebra, trigonometría, iatroquímica[45]. Notaron la importancia del legado griego y comenzaron a traducir todos sus adelantos al árabe.

La gran importancia cultural del islam para Sarton reside en que en él confluyeron dos grandes corrientes intelectuales: los judíos y los griegos que se habían mezclado en Alejandría, sin que existiera una verdadera fusión.

Los pueblos del islam estaban unidos entre sí a través de la religión y el idioma, y separados del resto del mundo. Los musulmanes entran en contacto en Oriente con los

---

[44] Su fuerza religiosa y su moral derivaba de sus ancestros árabes y su cultura y humanismo de Persia.

[45] Rama de la ciencia que enlazaba la química y la medicina.

chinos, mongoles, malayos e indios, al Occidente con sirios, griegos y coptos. La desintegración política luego de la disolución del califato provocó que se fragmentaran los centros culturales, ya no eran Bagdagh y Córdoba, sino que se agregaban Ghazna, Samarqand, Marv, Damasco y Jerusalén entre otros.

La obligación de todo musulmán de realizar la peregrinación a la Meca provocó incesantes comunicaciones entre las distintas partes del islam y originó incontables reuniones entre sabios procedentes de las más alejadas regiones. Era frecuente realizar la peregrinación más de una vez, con grandes paradas en las principales ciudades de la ruta, renovando el contacto con sus colegas, enfrascándose en largas discusiones, copiando manuscritos; de este modo y en virtud del idioma común el conocimiento científico adquirido en cualquier parte del Islam se transmitía con rapidez además de los nuevos y estimulantes temas que se intercambiaban constantemente.

Es importante mencionar que tanto la Peregrinación a la Meca como los contactos comerciales existentes a través del Mediterráneo fueron los vehículos que propiciaron el intercambio no solo de bienes sino también de ideas científicas por todo el mundo conocido hasta ese momento.

Para Sarton la mayor parte de las actividades de los intelectuales se escribían en árabe, confluyendo en la traducción y asimilación de las obras griegas; no sólo transmitieron conocimientos antiguos, sino que crearon nuevos.

Los científicos que escribieron en árabe elaboraron el álgebra y la trigonometría sobre bases greco – indias, reconstruyeron y desarrollaron la geometría griega, reunieron abundantes observaciones astronómicas y sus críticas al modelo ptolemaico, aunque no siempre fueron justificadas, ayudaron a preparar la reforma astronómica del siglo XVI, enriquecieron notablemente los conocimientos médicos, los de la química y la óptica. Sus investigaciones geográficas se ampliaron de una frontera a otra del mundo conocido.

Desde mediados del siglo VIII hasta fines del siglo XI, Sarton plantea que los pueblos de habla árabe marchaban a la cabeza de la humanidad. Gracias a ellos, el árabe no sólo llegó a ser el idioma internacional de la ciencia, sino el vehículo del progreso humano. Para un oriental el camino más corto para llegar al conocimiento es adueñarse de uno de los principales idiomas. El árabe constituyó la clave de toda la cultura.

Sarton manifiesta que se ha dedicado mucho más tiempo al estudio de la ciencia de la Edad Media que de la antigüedad, dado que su admiración por ésta no ha cesado, ha ido en aumento a medida que conocía mejor a aquella. (Sarton, 1952, pp.144).

Isis, establecida por George Sarton, es una revista académica trimestral revisada por la University of Chicago Press, que apareció por primera vez en marzo de 1913[46].

Cubre la historia de la ciencia, la historia de la medicina y la historia de la tecnología, así como también sus influencias culturales.

Contiene artículos de investigación originales y extensas reseñas de libros y ensayos de revisión. Las sesiones dedicadas a un tema particular, se publican en cada número con acceso directo. Estas sesiones se denominan In Focus, Viewpoint y Second Look, y estaban diseñadas para atraer lectores de todas las áreas del campo al tratar temas que traspasan los límites cronológicos. Estaban pensadas originariamente como herramientas para los estudiosos que deseaban desarrollar nuevas expectativas en la historia de la ciencia, pero también han demostrado ser valiosas herramientas de enseñanza por esto están al alcance de todos.

Sarton dice que Isis será una revista de síntesis (se ocupara de métodos, filosofía y evolución de las ciencias y de crítica (el editorial se dedicará a métodos, se incorporarán la crítica filosófica, las leyes de la historia y la bibliografía).

Será también una revista internacional, siendo la ciencia el más preciado testimonio de la humanidad, gran pacificadora y civilizadora.

Las contribuciones fueron originalmente en inglés, francés, alemán e italiano, pero desde la década de 1920 sólo se publica en inglés.[47] Las publicaciones están parcialmente respaldadas por una donación de Fondos Dibner. Dos publicaciones asociadas son Osiris, también establecida por George Sarton en 1936 y la Bibliografía actual de Isis.

Sarton explica el porqué del nombre de su jornal se hizo de manera casi inconsciente, después de haber sido introducido a la egiptología durante una visita a la sesión egipcia del Rijksmuseum Van Dudhenden en los Países Bajos.

En su artículo Sarton explica los malos entendidos que el nombre Isis, a menudo estaba vinculado a la masonería porque algunos de sus ritos son de origen egipcio.

Otra interpretación errónea fue que *Isis* refirió a la teosofía muy probablemente causada por el libro titulado Isis de Helena Petrona Blavatsky, publicado en 1877, que era líder del movimiento teosófico de ese momento.

La *bibliografía* de *Isis* fue la creación de George Sarton. Su primera entrega fue hace más de un siglo, en 1913.

---

[46] [Sarton, George, march, 1913, "L'Historie de la Science, Isis, 1 (1): 3-46], [The History of Science. The Independent, July, 1914, Retrieved August, 2012]

[47] [Sarton, George, febrero de 1919. Letter to the New York Evenin Post], [Sarton, George, 1919, War and Civilization, Isis, 2 (2): 320-321].

La bibliografía y la revista formaban parte de un esfuerzo consciente para construir un nuevo campo académico.

Bibliográficamente reunió a estudiosos que habían escrito y estaban escribiendo sobre la historia de la ciencia. Esto ayudo a construir una nueva disciplina y consideró la biografía de Isis fundamental para lograrlo.

La visión de Sarton de la disciplina es claramente visible en sus bibliografías y sus ideas visionarias datan de él. En una sesión de Focus, Leuis Pyenson y Crhistophe Verbruggen han hecho un trabajo notable de iluminar el contexto histórico más amplio de Sartón.

Se inspiró en la visión de toda la vida de Otlet de construir una biblioteca mundial, el Mundaneum que reuniría todo el conocimiento humano y de ese modo ayudaría a fomentar un internacionalismo que hiciera incapié en la unidad de la humanidad (Whitrow y Neu, 1993).

Sarton utilizaba un sistema de tres principios que dominaban en conocimiento científico, llamado Sistema Sarton:

> Por el conocimiento científico evolutivo y el desarrollo lo hizo en orden cronológico, orden temporal de los sujetos siglo por siglo.

> Por la civilización: la ciencia tuvo lugar dentro de lo que llamó contextos históricos y etnográficos.

> Por la Antigüedad Occidental (de Babilonia a Roma), Edad Media y Bizantina, la Ciencia Oriental y la Civilización (incluía tanto Lejano Oriente como las culturas iraníes e Islámicas) y finalmente el Nuevo Mundo y África.

Esta triple estructura de la bibliografía refleja la deuda de Sarton con el positivista Comte del siglo XIX, en cuanto a la fragmentación de la historia en grandes civilizaciones.

Sarton dividió el conocimiento en diversas ciencias componente, las disciplinas contemplaba aspectos del mundo. Esta división sistemática como él llamó, que iban desde las Ciencias Formales (matemática y lógica), Ciencias Físicas (mecánica, química, tecnología), Ciencias Antropológicas e Históricas, Medicina y Educación.

Sarton no era el único que hacía bibliografía de la ciencia. Karl Sudhoff (1853- 1938) historiador de la medicina de origen alemán, miembro de la Academia de Ciencias de Hungría, también de la Academia de Ciencias Naturales Leopoldianas y de la Medical Academy of América. Publicó una bibliografía histórica de la medicina y de la ciencia. En 1906 fundó la biblioteca para la historia de la ciencia en Leipzig.

Aldo Mieli (1879-1950) escribió otra bibliografía seriada de la historia de la ciencia. Historiador de la ciencia, político y escritor nacido en Italia. Miembro de la Academia de Ciencias Naturales Leopoldinas. Junto con Sarton y Sudhoff encabezaría la fundación de instituciones dedicadas a la historia de la ciencia (Academia Internacional de la Historia de la Ciencia). Las bibliografías surgieron en el contexto de la compilación y organización de la estructura académica como una condición necesaria para la formación de la historia de la ciencia como disciplina separada. La bibliografía de Sarton resulto ser la más compleja y precisa de los sistemas de clasificación.

Desde la jubilación de Sarton, un comité de académicos se encargó de compilar la bibliografía, a lo que él se oponía, haciéndose evidente la imposibilidad de sostenerse ante la proliferación de bibliografías anuales y semestrales en las páginas de Isis y esto se convirtió en un gran problema.

Como era necesario algún tipo de edición acumulativa se toma la decisión de contratar en primer lugar a John Neu, un bibliotecario de la Universidad de Wisconsin en 1963. Con la ayuda de un asistente de investigación graduado del Departamento de Historia de la Ciencia de la Universidad de Washington, Neu editó la bibliografía durante más de tres décadas.

Desde la época de Neu hasta finales de la década del noventa, la Sociedad de Historia de la Ciencia patrocinó la publicación de una bibliografía acumulativa periódica que indexaba las bibliografías anuales en un solo trabajo, facilitando el uso de herramientas de investigación. La primera de estas bibliografías indexó todas las entregas de 1913 a 1965 y fue producida en el Imperial College de Londres por la especialista en clasificación Magda Whitrow.

Whitrow comenzó con el esquema de Sarton y construyó sobre él. Estableció un conjunto detallado de categorías disciplinarias organizadas de acuerdo al tema general. Los detalles permitieron dar cuenta de la gran diversidad de ideas científicas a lo largo de los siglos. Había volúmenes separados por personas y temas. Las principales cualidades del sistema de Whitrow eran el tiempo, la disciplina, la forma y el aspecto.

En cuanto a la forma y el aspecto estaban orientadas hacia la enseñanza, el uso de archivos y la historiografía. El sistema de Sarton permanecía intacto con el agregado de ser mucho más detallado.

Neu llevó a cabo el mantenimiento de la bibliografía anual mientras Whitrow convirtió todas las bibliografías anteriores en una herramienta de referencia coherente.

La disciplina siguió prosperado a medida que las bibliografías maduraron y se convirtieron en herramientas de referencias estables.

Las ediciones acumuladas en papel fueron seguidas por las bases de datos de Historia de la Ciencia, Tecnología y Medicina, que se puso a disposición de bibliotecas e instituciones como recurso electrónico accesible a través de internet. HSTM, como se abrevia contiene archivos de bibliografía de varias organizaciones relacionadas con la historia de la ciencia. Actualmente, la base de datos HSTM está alojada por EBSCO.

En 2002, Stephen Weldon de la Universidad de Oklahoma se hizo cargo de la producción bibliográfica y continúa revisando la edición impresa y digital. Hoy en día, la bibliografía cuenta con el apoyo de la Sociedad de Historia de la Ciencia como de la Universidad de Oklahoma. Weldon tiene dos asistentes de investigación que cada año lo ayudan a producir una bibliografía anual de alrededor de cuatro mil artículos clasificados junto a más de mil reseñas de libros indexados.

En 2014, la Fundación Alfred Sloan (1875 – 1966) proporcionó una subvención para ayudar a construir un nuevo tipo de herramienta de investigación utilizando los datos bibliográficos.

La clasificación y la bibliografía han sido la raíz de la erudición desde que se formaron las disciplinas. Sarton sabía que cuando la bibliografía se hace bien, es un trabajo personal. El nuevo entorno digital crea el lugar perfecto para una visión colaborativa que construirá y fortalecerá la comunidad en muchas maneras que Sarton parece haber creído y esperaba que sucediera cuando comenzó esta actividad hace más de un siglo.

CAPITULO V
CALENDARIOS

Según **Don Baltazar Peón** los calendarios son una de las más trascendentes instituciones de la humanidad, en ellos se expone el método empleado por los distintos pueblos para distribuir la sucesión de los días, según la naturaleza de sus instituciones religiosas, civiles, astronómicas o agrícolas durante un espacio cualquiera de tiempo, un año por lo regular.

El conocimiento de los calendarios puede considerarse como la base de la ciencia de los tiempos. La idea general que en ellos predominaba en la antigüedad, era el curso del Sol y la de los planetas conocidos en relación con los doces signos del zodíaco, los ortos y los ocasos del Sol y las estrellas, las fases que presentaba la Luna.

Los calendarios son más una teogonía política que se adaptaba a los fenómenos celestes, como variado ramillete de tradiciones maravillosas en cuyo fondo se oculta a veces la historia, como caprichoso indicador del orden de las fiestas públicas lunares y solares, civiles y religiosas.

El Sol, la Luna y los cuatro elementos primitivos: agua, tierra, aire y fuego eran los tipos originarios de las solemnidades antiguas, combinados entre sí y disfrazados según el ingenio o capricho de las lenguas con ficciones de los poetas, en consecuencia, con las tradiciones de cada pueblo.

Los **calendarios solares** son aquellos en que el comienzo del año, a consecuencia de la intercalación de un día cada cuatro años, tiene lugar con más o menos precisión en la misma estación. El año medio consta de 365 ¼ días de duración, es decir, que comprende casi el mismo tiempo que la Tierra necesita para encontrarse en idéntica posición respecto del Sol, después de haber recorrido su órbita alrededor del astro.

En los **calendarios lunares** se atiende únicamente al curso de la Luna, por eso la duración de los meses es algo variable, teniendo en cuenta de disponerlos de modo que el comienzo de cada uno corresponda con cada nueva luna natural. El año medio de este calendario consta 354 días y 8 horas, período que emplean 12 lunaciones correspondientes a 12 meses, el año lunar recorre por lo tanto todas las estaciones.

En los **calendarios luni – solares** sigue el año el curso de la Luna y comienza siempre con la misma lunación, pero se obtiene concordancia con la marcha aparente del sol, por medio de la intercalación de un mes o algunos días en determinados períodos. En estos calendarios como en los solares el año medio es de 365 ¼ días, podemos decir que son lunares en sus detalles y solares en su conjunto. A esta clase pertenecían los calendarios griegos, macedonios, chinos, japoneses y de Indostan, siendo de igual índole que el judío.

Los **calendarios civiles** también llamados vago, no se refieren a circunstancia alguna de la naturaleza, ni al movimiento de los astros, en ellos los años constan de un número de días igual, como no guardan relación con las evoluciones del Sol ni de la Luna recorren sucesivamente las estaciones, recibiendo por ello el nombre de vagos como los lunares.

 Según George Sarton, narrar la historia completa del calendario es un tema político y religioso y poco científico. El origen de muchos calendarios es oscuro y forma parte más del folklore anónimo que de las creaciones precisas. Tal es el caso del primitivo calendario romano del cual conocemos con poca certeza.

El calendario más antiguo fue tal vez lunar y los sacerdotes eran los encargados de anunciar o nombrar la Luna Nueva. Consideraciones solares se introdujeron a causa de las estaciones: el calendario del granjero tendió ser siempre solar tanto como lunar.

Flavio (edil en el 304 a.C.) elaboró una lista de *díes fasti* y *díes nefasti* y fue quien estableció el calendario de doce meses, (Calendario Flavino de 355 días y meses intercalables de 22 o 23 días cada dos años). Los romanos tenían pocos conocimientos astronómicos, el primer reloj de Sol adaptado a las necesidades astronómicas romanas fue construido en 164 a.C. por **Marcio Filipo** (229 – 186 a.C. :) cuando era censor.

Sarton hace mención que **Rómulo** (771 – 717 a.C.), fundador de Roma, suponía que el año duraba aproximadamente diez meses por asociación con la duración de un embarazo.

Los errores del calendario se corregían de cuando en cuando mediante nuevas intercalaciones. En el 191 a.C. la Ley Acilia dio a los pontífices el poder de manejar las intercalaciones en forma arbitraria, lo que muestra que el calendario era una cuestión religiosa. Es probable que algunos pontífices fueran negligentes y no pusieran esmero en esas diferencias, éstas se acumularon y en tiempos de Julio Cesar (100 – 44 a.C.), la Floralia, un festival primaveral se celebró en verano (festival campesino instituido en el 238 a.C. en honor a Flora, diosa de las flores y de la primavera, los botánicos cuando hablan de flora lo hacen en su honor).

El establecimiento del calendario juliano por César ocurrió en Egipto. Las dificultadas de calendario eran muy grandes porque había que armonizar las fechas griegas con las egipcias y caldeas.

Según Sarton, los egipcios habían tratado de usar un año lunar, pero ya desde la 1° Dinastía lo pospusieron al calendario solar, tuvieron la cordura de mantenerse alejados del calendario mixto o lunisolar. Dividieron el año en 12 meses, cada uno de 3 décadas (diez días), correspondientes a los 36 decanos, por lo tanto, agregaron una temporada festiva de 5 días (30 x 12 + 5 = 365 días).

En el Decreto de Canope (238 a.C) fijado por la asamblea sacerdotal bajo el gobierno de **Ptolomeo Evergetes** (247 – 222 a.C.) se decidió agregar un día cada 4 años. Esto era correcto pero los astrónomos helenísticos habían echado a perder el calendario egipcio introduciendo consideraciones lunares. Aparentemente el Decreto de Canope[48] no entró en vigencia, puesto que las divergencias continuaron en medida tal que Julio César se sintió obligado a reformarlo.

Julio Cesar, luego de la Batalla de Farsalia en el 43 a.C. se convirtió en el dueño del mundo. Él pensaba en términos imperialistas y de unidad romana, al interesarle en temas astronómicos y por ser el pontífice máximo, era natural según Sarton que considerara la necesidad de un calendario reformado que se convirtiera en oficial para toda la comunidad romana.

César compuso su tratado De Astris, que fue una especie de "almanaque del granjero" en el cual se combinaban datos concernientes a las estrellas, a las estaciones y al tiempo. En materia de estrellas y signos del tiempo, continuaba la tradición de Arato, de otros datos helenísticos dispuso a través de Sosígenes, y naturalmente el emperador y su secretario estaban familiarizados con el folklore meteorológico romano.

Se aseguró la colaboración de Sosígenes de Alejandría (50 a.C.) filósofo y astrónomo peripatético.

La victoria de Tapso en el 46 a.C. le dio la oportunidad de promulgar la reforma. A fin de restablecer el equilibrio insertó entre noviembre y diciembre del año 46 dos meses intercalares de 67 días, previa intercalación de 23 días (annus confusionis) totalizó 335 + 23 +67 = 455 días. El nuevo calendario juliano comenzó el 1° de enero del año 45, comprendía 365 días y un día más intercalado después del 23 de febrero y se agregaba cada cuatro años, ese se llamó bissextum y al año al cual se le agregaba, annus bissextum (o *intercalaris*). El año siguió dividido en 12 meses: *Januarius, Februarius, Mars, Aprilis, Junius, Quinctilis* (más tarde llamado Julio en honor a Julio César), *Sextilis* (luego Agustus por el primer emperador Augusto), *September, October, November y December.*

---

⁴⁸ Descubierta en las proximidades de Tanis. En la parte superior de la Estela de Canopo tenía 37 líneas de jeroglíficos grabada en la mitad inferior 6 líneas en escritura griega uncial y a la derecha se encontraba la versión demótica. El Decreto tenía varios temas entre ellos la reforma del calendario introduciendo un día cada cuatro años, el cual se añadiría al último día los cinco días epagómenos.

Al principio el año comenzaba en marzo y ello explica el nombre de los otros meses (llamados Séptimo, Octavo, Noveno y Décimo), luego el comienzo del año se trasladó al 1° en el 153 a.C. cada tres días principales o calendae[49] .

Se cree que los romanos fueron hombres prácticos y empíricos, pero su método de contar los días fue en verdad pesado y de lo más intrincado posible. Como la incumbencia del calendario era religiosa y los pontífices los encargados de ella prefirieron mantenerlo lo más esotérico posible, y cuanto más oscuro más agrado resultaba (Sarton, tomo IV, pp.339).

Muchos historiadores de la Antigüedad prefirieron citar fechas *ab urbe condita* (u.c.) a partir de la fundación de Roma, aunque esta fecha inicial sea un poco incierta.

De acuerdo con el calendario juliano, la longitud media del año era de 365 y 1/4 de día, que resultaba algo grande. El exceso era pequeño solo 11' 14'', sin embargo, al irse acumulando tal diferencia alcanzó un día al cabo de 128 años, en 1000 años el calendario juliano omitía aproximadamente 8 días. El calendario juliano había sido de uso corriente más de dieciséis siglos.

Es muy probable que el calendario Juliano que estuvo en vigencia hasta 1582, momento en que se realiza la reforma Gregoriana (Papa Gregorio XIII) y el De astris, que floreció durante el siglo VI, que era astro-meteorológico, se introdujeran al mismo tiempo.

La manera romana de contar los días continuó durante el Renacimiento y aún después. Las Cartas de Erasmo a sus amigos o las cartas que recibía de estos se fechaban generalmente a la manera romana.

Sarton aclara que no se ha discutido los calendarios helenísticos (griegos) porque el asunto es demasiado complicado. Una vez más el contraste entre la unidad romana y la anarquía griega es sorprendente: cada estado helenístico tenía su propio calendario, con poco acuerdo entre unos y otros, excepción hecha de los grandes juegos: *Olympia Isthmia, Nemea, Pythias* que se celebraban cada cuatro años (correspondientes a los años antes de Cristo divisibles por cuatro) en Olimpia, Elis (N del Peloponeso). Los juegos píticos, cerca de Delfos, en Focis (N del golfo de Corinto) también se celebraban cada cuatro años dos años después de los olímpicos.

 A la par de la cronología atlética y demás cronologías helenísticas debemos considerar la cronología seléucida en Siria y Mesopotamia, cuya fecha inicial señala la entrada de Seleuco Nicanor en Babilonia en 312/311. Esta cronología es de suma importancia tanto para los historiadores políticos como los de la ciencia, pues fue ampliamente utilizada en las tablillas cuneiformes varias de las cuales tienen cuestiones

---

[49]Luna nueva, con el correr del tiempo el calendario romano se hizo más solar y los días fijos observaron cada vez menos conexión con las fases lunares.

matemáticas, astronómicas y de otras ciencias. El seléucida fue adoptado por los arsácidas o dinastía de los partos (dinastía seléucida desde 323 – 64 a.C. y la arsácidas desde el 250 hasta el 226 a.C. Los arsácidas por lo general tenían una cronología propia, pero agregaban a la fecha arsácida la seléucida.

El acta del primer Concilio Ecuménico de Nicea que lleva la fecha 636 e.s. o 325 a.C. Los árabes lo adoptaron, por lo menos para tres fines astronómicos, bajo el nombre de Dh' ul-qarnain (el doble cuerno, Alejandro Magno).

Figura 46. Fresco del Concilio de Nicea. El Vaticano.

El calendario judío se inicia en el 3761 a.C., siendo ésta invención de los rabinos, siendo puramente lunar y religioso solo comenzó a fines del siglo II después de Cristo.

La semana de siete días, la semana planetaria, fue aceptada en todo el mundo romano hacia fines del siglo I a.C. Siete días es la mayor aproximación a la longitud de una de las fases de la Luna, desde este punto de vista el período de siete días era natural[50]. El relato judío de la Creación, en el Génesis, especifica siete días. La semana de siete días, desde el punto de vista fisiológico es conveniente: seis días de trabajo y uno de descanso constituye un buen ritmo. El origen religioso de la semana se comprueba por la existencia, en cada semana un día religioso, ya en el comienzo de ella o en su apogeo, por ejemplo, el Sabbath judío.

El año, el mes y el día fueron unidades astronómicas de tiempo, pero no bastaban para el ordenamiento de la vida civil y religiosa. El mes resultaba demasiado largo y el día demasiado corto, se hizo necesario algo intermedio entre ambos. Las cuatro fases de la luna sugerían la división en cuatro partes, pero la longitud exacta de las fases no era fácil de determinar.

Los babilonios (los siete días fueron de origen planetario, conocían los siete planetas, incluidos el Sol y la Luna) y después los judíos (aunque no existe prueba de influencia

---

[50] La creencia en el hebdomadismo o carácter sagrado del número siete.

planetaria y los días fueron numerados como en el Génesis 1 o Éxodo 20: 11) en pensar en la semana de siete días.

Los egipcios utilizaron como unidad mayor, el decano o la década. Cada uno de sus meses se dividió en tres decanos y el año en treinta y seis. Algo similar sucede en el calendario ático: los meses llenos de 30 días se dividían en tres décadas, los meses vacíos de 29 días, también se dividían en tres períodos, pero el último llevaba un día menos.

Los romanos tenían una semana de ocho días y el octavo día se llamaba *mundinae* (*novem dies*). Era evidente que una semana de ocho días carecía de significado planetario. Se necesitaban días periódicos de mercado, y éstos habían sido espaciados de esa manera por los compradores y vendedores por razones de conveniencia, sin involucrar pensamiento religioso alguno.

En Babilonia cada día se consagraba a un planeta, e igual costumbre se estableció en los tiempos helenísticos, traduciéndose los nombres de los planetas en griego u otorgándole equivalentes egipcios en el Egipto griego.

Los nombres castellanos del primer día de la semana y del último son, respectivamente, cristiano (el día del Señor) y judío. La numeración de los días, comenzando por el domingo, primer día, es la regla no solo de los cristianos ortodoxos, sino también de los judíos y musulmanes: todos ellos llamaban sabbath al último. Los musulmanes llamaban yawm al-jum'a al sexto día, por ser su día de reunión religiosa.

El año, el mes y el día por ser incontables entre sí, ninguno puede expresarse exactamente en términos de los otros dos. Y de ahí todas las complicaciones del calendario. La única excepción fue la semana babilónica, que era parte de su mes. Los babilonios asignaban importancia especial a los días 7, 14, 21 y 28 de cada mes, que por tal motivo se dividió en cuatro períodos de siete días más un residuo. En cierta medida los días eran sagrados pero las semanas no eran verdaderas semanas porque no eran continuas. El primer día de cada mes era siempre el primer día de la semana.

En cambio, las semanas romanas de ocho días eran continuas. Sin embargo, hubo limitaciones también. El *mundiane* era un día de mercado y los campesinos que habían creado su recurrencia periódica no deseaban que coincidiera con el *nonea* o con el *candelae Januariae*, esto era, simplemente un tabú que no podía superarse sino mediante la inserción, de tanto en tanto, de un día entre dos semanas. Tales inserciones se establecieron finalmente en un ciclo de 32 años, pues 32 años julianos equivalían a 11.688 días, los cuales incluían 1.461 *mundinae*.

Tanto la semana babilónica como la romana fueron distintas de la nuestra, la primera por no ser continua y la segunda por ser de ocho días. Nuestra semana, la astrológica *hebdomas*, es estrictamente continua, y no sufre interrupción alguna por razón del mes o del año: cualquier día puede ser primero de año o primero de mes.

Sarton plantea que existe un aspecto de la semana astrológica: los siete planetas conocidos por los antiguos, con arreglo a su distancia decreciente desde la Tierra, eran Saturno, Júpiter, Marte, Sol, Venus, Mercurio, Luna. Era de esperar ese mismo orden o el opuesto, pero lo importante este tener en cuenta que en el calendario era muy diferente. Para poder explicar esto es necesario hablar de otra división del tiempo, una fracción de ese tiempo, una fracción del día: la hora.

Los egipcios dividían el día e 12 horas y la noche también en 12 horas, pero como el día aumentaba (o disminuía), la longitud de las horas de día aumentaba (o disminuía), mientras que la longitud de las horas de la noche disminuía (o aumentaba).

Los sumerios dividían los días en tres guardias, y la noche en otras tres guardias (y tales guardias aumentaban o disminuían durante la noche o el día). Los judíos hacían lo mismo. El talento matemático de los sumerios se puso de manifiesto cuando detectaron que era impracticabilidad de los períodos desiguales en las cuestiones astronómicas, dividieron entonces el día completo (día más noche, nychthemeron) en 12 horas iguales de 30 gesh cada uno. Había pues 360 gesh en cada día completo, exactamente como había 360 días en el año.

Hemos heredado de los egipcios la división del día completo en 24 horas y de los babilonios las horas iguales. Esto era tan avanzado que no fue comprendido por los antiguos, con excepción de los astrónomos. Hiparco dividió el *nychthemeron* en 24 horas equinocciales. Algunos relojes de sol o clepsidras se habían dispuesto para que señalaran las horas correctas a través del año. Los romanos empleaban horas desiguales o estacionales[51]. La división del día completo en horas desiguales todavía era usual en muchos lugares de Europa en pleno siglo XVIII.

La semana planetaria demuestra que las creencias astrológicas fueron muy fuertes durante la Antigüedad, que en nuestros días seguimos empleando términos astrológicos y también la división del día en 24 horas fue aceptada por todos los astrólogos y por la gente común.

La cronología es una exigencia básica para el astrónomo sino también una herramienta fundamental del historiador, en la medida que pone de manifiesto los múltiples ritmos de la humanidad.

---

[51] El día se dividió en cuatro guardias: nanes, desde la salida del sol hasta la hora segunda, ad meridiem, desde la hora tercera hasta el fin de la sexta, de meridie, desde el mediodía hasta el fin de la hora novena, suprema, desde la hora décima hasta la puesta del sol. La noche también se dividió en cuatro guardias (vigilae) de longitud desigual durante el año, pero la tercera comenzaba siempre a la medianoche (media nox, noctis meridies).

El calendario no es una hazaña pura, dado que se ha mezclado con gran cantidad de irregularidades. El historiador de la cronología se ve obligado a tratar con la ciencia y además con el folklore, con supersticiones astrológicas, así como arbitrariedades dogmáticas de magistrados, sacerdotes. Por lo tanto, el estudio del calendario es extremadamente complejo.

CONSIDERACIONES FINALES

La obra de George Sarton constituye un hito insoslayable de la historia de la ciencia. Su vida transcurrió entre dos guerras mundiales, conoció el exilio y la continuidad de su trabajo académico en otros países. A su erudición y enfoques visionarios se debe la consideración de la Historia de la Ciencia como una disciplina independiente. Heredero intelectual de Condorcet y Comte, considera que el progreso científico era innegable y que cada investigador incorporaba en sus obras todos los aportes de sus predecesores.

Su vasta producción académica, a la que dedicó su vida, abarca desde la Antigüedad al Renacimiento. También se manifestó maravillado por el desarrollo de la ciencia durante el Medioevo europeo e incluso estudió árabe en Beirut para tener acceso a los trabajos originales de astronomía, medicina y alquimia, dado que en esa época se conocieron en Europa numerosos avances que provenían del Oriente musulmán.

Por su cultura humanista, Sarton planteó que esos estudios también podrían abordarse como parte de una historia de las ideas y de los sueños del hombre. Éste último aspecto decía, que se vuelve palpable cuando se observan las formas de representación de los fenómenos celestes por los pueblos más antiguos, cuyas producciones han sido analizados por la historia del arte.

La unión entre el arte y la ciencia, en la postura de Sarton, permite comprender el espíritu de las civilizaciones desaparecidas. Según su perspectiva, las obras de arte poseen una inmensa superioridad respecto de las demás manifestaciones de la mente humana, pues son capaces de brindar, en una sola mirada, una visión de los tiempos pasados.

Para éste autor, la Historia de la Ciencia debía inspirar intelectualmente a los seres humanos, con la meta de llegar a una comunión entre el humanismo y el conocimiento científico. Para lograrlo, se tornaba necesario que la mayor cantidad de fuentes de información sobre la historia de la ciencia resultara accesible no sólo a quienes integraban el ámbito académico sino también al público en general, aunque careciera de una información especializada.

En diversas publicaciones, Sarton se refiere a los aspectos que dejó de lado en su tarea como investigador. En algunos casos, ello se debió a que las fuentes que podría haber consultado estaban fuera de su alcance dada la tecnología de la época, o fueron descubiertas hacia el final de su vida, razón por la que no podría haberlos incorporado a su obra.

El interés por la divulgación de sus investigaciones constituye un aspecto destacable de su tarea. Uno de los parámetros de la profesionalización del saber histórico a partir del siglo XIX fue, justamente la publicación de manuales redactados por especialistas y revistas científicas con estrictas normas de publicación para la difusión de los conocimientos y avances de investigación. Tanto Sarton como Alistair Crombie, Aydin Sayili, Otto Neugenbauer y Bernard Cohen, entre otros especialistas, consideraron de vital importancia publicar revistas de divulgación y bibliografía que estuvieran al alcance de cualquier persona que se interesase en la historia de los descubrimientos científico - tecnológicos, y al mismo tiempo, permitieran la difusión de los trabajos de jóvenes investigadores.

En ese contexto deben enmarcarse los esfuerzos de Sarton para editar la revista *Isis*, como parte de un proceso destinado a lograr que la Historia de la Ciencia fuera considerada académicamente como una disciplina emancipada de la Historia general.

Surgió como consecuencia de su idea original de armar una bibliografía de las ciencias en la que se volcarían artículos científicos, comentarios y trabajos de investigadores noveles, pero también con la idea directriz de mostrar la historia de la ciencia como instrumento de la cultura que permitiría educar no solamente a los sabios sino también a los futuros ciudadanos.

El primer volumen de *Isis* se publicó en 1913, en Bélgica, y tuvo continuidad al trasladarse Sarton a Inglaterra y luego a Estados Unidos, donde *Isis* fue considerada como la revista pionera de los estudios de historia de la ciencia.

En la actualidad la edición de *Isis* y su bibliografía está bajo la tutela de la Universidad de Chicago (USA) y a disposición del público formato digital (agregar referencia). Entre sus responsables podemos mencionar Magda Withrow y John Neu, quienes siguieron los pasos de Sarton en cuanto a la forma de catalogar y clasificar los ensayos, y a Stepah Weldon, que desde el 2002 es el responsable de la edición de los artículos.

El estudio de trabajos como los de Sarton sería deseable que se incorpore en la formación académica de los docentes de ciencias para comprender el desarrollo de los descubrimientos científicos desde la Antigüedad mediante la herramienta utilizada por ese investigador: las cronologías historiográficas. En sus cronologías de astronomía, Sarton incluyó los trabajos de astrónomos como Aristilo, Timocaris, Andrónico, observamos que realizaron aportes significativos al desarrollo de esta ciencia, que no se los menciona habitualmente en los manuales de la especialidad.

Fiel a su idea de que la ciencia es parte de la cultura, Sarton consideraba que la historia de la astronomía obligaba a la persona interesada en ella a abrir su mente a diferentes disciplinas que contribuirían a comprenderla.

La astronomía es parte de la cultura y evidencia los progresos de la humanidad, abre horizontes a la imaginación y a la creatividad, sin dejar de lado la razón. Por otro lado, debe incorporarse a la formación académica en todos los niveles, pues cumple un papel formativo dentro y fuera de los programas de las ciencias experimentales y de la matemática. La fascinación por la historia de la astronomía puede impulsar a los estudiantes hacia cualquier rama de la ciencia.

El estudio de la astronomía, tal como lo planteó Sarton, puede mostrar lo polifacético que es el mundo y la existencia humana, como en un mismo rango espacio – temporal, diferentes culturas de la humanidad investigaban y observaban fenómenos semejantes. Casi en forma contemporánea, en todo el mundo conocido, diversos pueblos tenían calendarios similares, registraban eclipses y mareas, observaban las mismas regularidades en el cielo.

El estudio de trabajos como los de George Sarton de gran contenido epistemológico e histórico sería recomendable incorporar en la formación de futuros docentes. Esta forma de abordaje es lo que Andúriz Bravo denomina Metaciencias[52].

Incluir en la formación académica, las metaciencias, propicia una reflexión teórica potente acerca de las formas de conocer el mundo, la relación entre la ciencia y la tecnología, las humanidades, el arte, el mito, así como también colabora en la superación de los obstáculos de aprendizaje generando recursos y materiales de trabajo.

Es fundamental para la Educación Superior actual, que adolece falta de conocimientos de los contenidos disciplinares, generando dificultades para realizar una trasposición didáctica adecuada. Esto ocurre por la superposición de materias centradas en el campo pedagógico de igual o similar contenido superando la carga horaria de las materias centradas en la disciplina.

George Sarton en su historia de la ciencia hacer un recorrido metacientífico, es un autor que no ha perdido vigencia ni ha sido reemplazado por otro más actualizado o más complejo, sigue marcando una diferencia positiva en la formación de profesores. Los futuros docentes deberían tener acceso a la lectura de textos fundamentales para su estudio y que le den un panorama vasto de todas las investigaciones de la ciencia en general.

Por lo tanto, la utilización de obras como la de Sarton para la formación docente impulsa a transitar el camino de la investigación, para mostrar los avances de la humanidad, incluyendo indicios de todo rastro de la actividad humana en sociedad desde su aparición sobre la Tierra.

---

[52] Disciplinas cuyo objeto de estudio es la ciencia: epistemología, sociología e historia que la abordaran desde diferentes perspectivas teóricas atendiendo al conocimiento y a la actividad científica.

Las investigaciones de Sarton dejan planteada la necesidad de completar todo aquello que no aparece en sus obras. Como él mismo decía, al incentivar a investigadores y profesores para que siguieran trabajando y completaran la historia de la ciencia, "es la única manera de ser más humanos al comprender toda la evolución de la humanidad".

Esta puesta monográfica se circunscribió a la Historia de la Astronomía desde la Antigüedad hasta la época de Claudio Ptolomeo (Siglo II), en particular hasta la aparición del Almagesto, cubriendo sólo el lapso indagado por Sarton, y lo completamos con información astronómica de los pueblos chino, indio y mesoamericano que consideramos relevante.

GLOSARIO

Acimut: acimut o azimut vocablo que deriva del árabe "as – sumut" plural de "as – amt" que significa la dirección del cenit. El acimut es el ángulo que forma el círculo vertical que pasa por un punto de la esfera celeste o del globo terráqueo con el meridiano. Es una de las dos coordenadas del sistema de coordenadas astronómicas.

Afelio: máxima lejanía de la Tierra al Sol.

Almagesto: nombre griego del tratado astronómico *He Megale Syntaxis,* escrito en el siglo II por Claudio Ptolomeo. Contiene el catálogo estelar más completo de la antigüedad que fue utilizado por árabes y luego europeos hasta la Edad Media.

Año: es el tiempo, es decir 365 días, que emplea la Tierra en dar una vuelta completa alrededor del Sol. Para los cálculos astronómicos se deben tener en cuenta:

> **Año siderio** o período de revolución de la Tierra alrededor del Sol medido con respecto a las estrellas fijas. Equivale a 365, 2564 días o 365 d 6 hs 9' 10''.

> **Año trópico** tiempo comprendido entre dos pasos sucesivos del Sol por el equinoccio de primavera o primer punto Aries. Equivale a 365,2421 o 365 d 5hs 42' 46'', aproximadamente unos 20' menos que el año siderio debido a que el primer punto equinoccial retrocede a causa de la precesión de los equinoccios.

> **Año anomalístico:** es el tiempo que comprendido entre dos pasajes sucesivos del planeta Tierra por el perihelio. Equivale a 365, 2596 o 365 d 6hs 13' 15''aproximadamente 4' más largo que el siderio porque el perihelio de la órbita terrestre es ligeramente desplazado hacia adelante cada año por las perturbaciones de otros planetas.

> **Año civil:** basado en el año Solar, es el año del calendario, formado por un número entero de días solares. Para evitar desfases se establece que cada tres años de 365 días, se establece unos cuatro años bisiestos de 366 días.

Aristarco de Samos (310 – 230 a.C.). El tratado comienza con seis hipótesis: La Luna recibe luz del Sol. La Tierra se comporta como un punto central respecto de la esfera en que se mueve la Luna. Cuando la Luna está en su primer cuarto, o en el último, el círculo máximo que separa la parte oscura de la iluminada, aparece en dirección de nuestro ojo. Cuando la Luna está en su primer cuarto, o en el último, la distancia de la Luna al Sol es menor que un cuadrante en treintavo de cuadrante (87°). El ancho de la sombra de la Tierra es el de la Luna.

Armilar (esfera): es un antiguo instrumento empleado hasta el 1.600, que servía para determinar las coordenadas celestes de los astros. Estaba constituida por un cierto número de círculos (de ahí viene su nombre latino "armilla" que significa círculo) insertos uno en el otro, representando el Ecuador Celeste, la Eclíptica, el Horizonte, el Zodíaco de tal manera que una vez dirigida hacia una estrella se podían leer sus coordenadas celestes sobre escalas graduadas. Las esferas armilares fueron usadas por astrónomos árabes, por Hiparco y por Ptolomeo. Tuvieron gran desarrollo en la época durante la cual vivió Tycho Brahe (1576 – 1601) que montó en su observatorio. Se cree que Eratóstenes fue quién inventó el armilar hacia el 255 a.C.

Figura 47. Esfera Armilar

Arqueoastronomía: es la ciencia que estudia la astronomía de los pueblos de la antigüedad a partir del registro arqueológico. Es una rama de la ciencia muy compleja dado que el material de que se dispone a veces resulta difícil de interpretar.

Arquímedes de Siracusa (287 – 212 a.C.) fue un geómetra con tratados de mecánica, aritmética, astronomía y óptica. Con respecto a la geometría: el **1° Tratado** sobre la esfera y el cilindro, el **2° Tratado de conoides y esferoides** se ocupa de paraboloides e hiperboloides de revolución y de los sólidos engendrados por la rotación de una elipse alrededor de sus ejes mayor y menor, el **3° Tratado** se dedica a las espirales "Espiral de Arquímedes", el **4°Tratado** sobre la cuadratura de la parábola y por último **la medida del círculo** donde llego a una buena aproximación del número Pi.

Astrolabio: término griego que se puede traducir como "buscador de estrellas", es un antiguo instrumento astronómico que permite determinar la posición y altura de las estrellas en el cielo. Era utilizado por astrónomos, navegantes y científicos en general para localizar los astros y observar su movimiento, para determinar la latitud.

Figura 48. Astrolabio

Aveni, Anthony (1938) antropólogo y astrónomo destacado por su trabajo en Arqueoastronomía. Desde el 2009 ejerce la cátedra de Astronomía, Antropología y Estudios nativos Americanos en la Universidad de Colgate de Nueva York. https://es.wikipedia.org/wiki/Anthony_Aveni

Juan Antonio Belmonte Avilés (1962) es licenciado en Ciencias Físicas por la Universidad de Barcelona (1985) y Doctor en Astrofísica por la Universidad de La Laguna (1989), donde además ha cursado estudios de lengua jeroglífica egipcia. Es Profesor de Investigación en el Instituto de Astrofísica de Canarias (IAC), desde donde lleva a cabo investigaciones en exoplanetología, física estelar y arqueoastronomía.

http://research.iac.es/proyecto/arqueoastronomia/pages/project-overview/group-members.php

Calendario: del latín "calendae", término con el cual los romanos indicaban el primer día de cada mes. Es un conjunto de tablas en las que se indican los días y los meses de cada año y sirve para el cálculo del tiempo.

Clepsidra: del griego (kléptein = robar, hydor = agua), cualquier mecanismo para medir el tiempo mediante el flujo regulado de un líquido hacia o desde un recipiente graduado, dando así dos tipos diferentes de relojes según la dirección del flujo.

Cohen, Bernard (1014 – 2003) científico e historiador de la ciencia. Tras graduarse en matemática en la Universidad de Harvard pasó a trabajar con George Sarton, quien fuera su supervisor doctoral. Premio Sarton 1974 y editor de la Revista Isis. Presidente de la Sociedad de Historia de la Ciencia entre 1961 y 1962. https://es.wikipedia.org/wiki/Bernard_Cohen

Cometa: son cuerpos compuestos de hielo y polvo, que giran alrededor del Sol de manera similar a los planetas, pero sus órbitas elípticas son muy alargadas. En la antigüedad los cometas eran considerados como presagio de acontecimientos excepcionales como la muerte de un gobernante, el estallido de una guerra o el advenimiento de pestes.

Comte, August (789 – 1857) filósofo francés, considerado el padre del positivismo y de la sociología. https://es.wikipedia.org/wiki/Auguste_Comte

Conant, James (1893 – 1978) químico, administrador escolar y funcionario público estadounidense. Como presidente de la Universidad de Harvard (1933 y 1953) promovió reformas que llevaron a ese centro de estudios a un nivel de excelencia en investigación. https://es.wikipedia.org/wiki/James_Bryant_Conant

Condorcet Nicolás de (1743 – 1794) filósofo, científico, matemático, político y politólogo francés, autor de un Ensayo sobre el cálculo integral (1765) fue admitido como miembro de la Academia de Ciencias en 1769. Redactó artículos de economía. https://es.wikipedia.org/wiki/Nicolas_de_Condorcet

Conjunción: es un término que se utiliza para indicar la posición relativa entre dos o más cuerpos celestes.

Constelaciones: son grupos de estrellas que no necesariamente tienen vínculos físicos o de proximidad que son consideradas en conjunto para facilitar su reconocimiento. Desde la antigüedad, los pueblos atribuyeron a cada constelación semblanzas humanas o animales. Por ejemplo, Osa Mayor, Orión, Hércules, Andrómeda entre otras.

Códice de Dresden: Consta de diez capítulos. Los primeros capítulos contienen la introducción al códice, el registro los almanaques de la deidad lunar IX Chel.

Capítulo 3: consta de las tablas de Venus, con información sobre la aparición del planeta como estrella de la mañana y estrella de la tarde durante un período de 312 años, basados en el período sinódico. Venus considerado como una deidad agresiva y el calendario tomando en cuenta este planeta era utilizado para calcular el éxito de las campañas militares.

Capítulo 4: se registran las tablas de eclipses solares y lunares. Calculaban la incidencia de los que podrían predecirse como períodos de contratiempos y peligros cuyo impacto trataron de evitar mediante rituales y sacrificios.

Los últimos capítulos contienen: la tabla de multiplicar del 78, las Profecías de K'anti, los números de la serpiente que indicaban eventos míticos en un período de 30.000 años y diversas manifestaciones del dios de la lluvia, tablas sobre las inundaciones, las ceremonias de año nuevo, los almanaques relacionados con la siembra y el cultivo.

Crepúsculo: genéricamente entendido como la claridad que precede a la salida o la puesta del Sol. El término sólo suele aplicarse a los instantes posteriores a la puesta del Sol.

Crombie, Alistair (1915 – 1966) historiador australiano de la ciencia y zoólogo. Fundador de la British Society for the History of Science. https://es.wikipedia.org/wiki/Alistair_Cameron_Crombie

Cuerpos errantes o planetas o vagabundos: la palabra "planeta" proviene de latín planeta, que a su ver deriva del griego *"πλανήτης"* planetes, que en griego tiene acepciones: errante o vagabundo. Esto se debe a que en la antigüedad siguiendo la teoría geocéntrica de Claudio Ptolomeo (Siglo I), se creía que en torno a la Tierra giraban además del Sol y la Luna cinco errantes: Mercurio, Venus, Marte, Júpiter y Saturno. Este cuerpo era errante porque al observarlos desde la Tierra o describían una trayectoria circular.

Culminación: es la máxima altura alcanzada por un cuerpo celeste sobre el horizonte. En algunos textos aparece como "tránsito" o "culminación superior".

Cuneiforme: es una de las formas de expresión escrita más antigua. Los signos cuneiformes eran realizados por escribas usando cuñas principalmente sobre tablillas de arcilla que eran secadas al sol.

Deferente: en el sistema ptolemaico, es un círculo a lo largo del cual se mueve el epiciclo.

Dijksterhuis, Eduard j. (1892 -1965) historiador de la ciencia holandés. Medalla Sarton 1962. https://en.wikipedia.org/wiki/Eduard_Jan_Dijksterhuis

Eclipse: del griego (*ekleipo* = disminuir), es un fenómeno que se produce cuanto el disco del Sol desaparece parcial o totalmente debido a que el disco de la Luna pasa delante del suyo (eclipse de Sol) o bien cuando el disco de la Luna se oscurece total o parcialmente porque la Tierra se interpone ente ella y el Sol cubriéndola de sombra (eclipse de Luna).

Eclíptica: la trayectoria que sigue el Sol en la esfera celeste recibe el nombre de Eclíptica. Esta trayectoria en la esfera celeste es un círculo máximo que forma con el ecuador celeste un ángulo de 23° 27' llamado inclinación del Sol u **oblicuidad de la eclíptica**. La denominación eclíptica proviene del hecho de que los eclipses sólo son posibles cuando la Luna se encuentra sobre la eclíptica o muy próxima a ella, es decir en los llamados nodos. En la eclíptica se destacan cuatro puntos importantes: el punto donde el Sol alcanza su altura máxima sobre el Ecuador del hemisferio norte el 21 de junio y señala el comienzo del verano en el hemisferio norte, mientras que en el hemisferio sur el Sol alcanza el punto más bajo y señala el principio del invierno. Siguiendo el curso aparente el 22 de septiembre, el Sol corta el Ecuador celeste en la posición del Punto Libra que corresponde a la entrada del otoño en el hemisferio norte y el principio de la primavera en el hemisferio sur. Nuestro sol continúa su carrera y el 21 de diciembre llega al punto más bajo en el hemisferio norte señalando el comienzo del invierno y en el hemisferio sur el punto más alto o indicando el principio del verano. Después el Sol remonta su camino hacia el hemisferio norte y cruza el ecuador celeste el 21 de marzo, iniciándose la primavera en el hemisferio norte y el otoño en el hemisferio sur. El Sol se encuentra en dicho día en el punto Aries. Por último, el Sol sigue su camino hasta alcanzar el punto más alto, el 21 de junio con lo cual ha realizado un ciclo completo. El Punto Aires o Punto Vernal es la intersección del ecuador con la Eclíptica o el punto del cielo en que aparece el Sol en el instante del equinoccio de primavera el 21 de marzo.

Efeméride: del griego *efemeris*; son tablas numéricas que contienen las coordenadas de los astros y otros elementos referentes a los períodos de tiempo regulares y sucesivos, gracias a los cuales es posible calcular las posiciones de los propios astros en el cielo.

Elementos de Euclides: Consta de trece libros. **Geometría Plana: Libros I:** es fundamental ya que incluye definiciones y postulados, y trata de triángulos, paralelas y paralelogramos. **Libro II:** puede denominarse "álgebra geométrica", **Libro III:** geometría del círculo y sigue a Hipócrates, **Libro IV:** trata de polígonos regulares, **Libro V:** desarrolla una nueva teoría de las proporciones que se aplica tanto en cantidades conmensurables como inconmensurables es el menos conocido, y el **Libro VI:** es la aplicación de de la teoría a la geometría plana

Libros VII – VIII-IX: Aritmética, teoría de los números: estos libros discuten números de muchas clases: primos, primos entre sí, mínimo común múltiplo, números en progresión geométrica. El **Libro X:** se dedica a los segmentos irracionales, su obra maestra.

Libros XI: Geometría del Espacio: es muy semejante a los libros uno y seis, extendidos a una tercera dimensión, el **Libro XII** aplica el método de exhaución a la medida de los círculos, esferas, pirámides y el **Libro XIII** trata de los sólidos regulares.

La teoría de los poliedros regulares era la culminación natural de la geometría. Luego se agregaron los **Libros XIV y XV** a los Elementos que tratan de sólidos regulares.

Epiciclo: es un elemento, que no tiene ninguna relación con la realidad, al cual recurrirán los astrónomos antiguos para explicar los movimientos de los planetas. De la combinación del movimiento del epiciclo y as deferentes se lograba una aproximación a la explicación del movimiento de los planetas.

Figura 49. Epiciclo. Deferente. Excéntrica

Equinoccio: es el movimiento en que el Sol a lo largo de su movimiento aparente anual atraviesa el plano del Ecuador celeste. Esto sucede dos veces al año si tomamos como referencia el Hemisferio Norte esto ocurre el 21 de marzo (equinoccio de primavera = primer punto Aries) y el 21 de septiembre (equinoccio de otoño = primer punto Libra).

En estas dos fechas los intervalos de luz y oscuridad son iguales en todos los lugares del planeta.

Estaciones: períodos climáticos debidos a la inclinación del eje terrestre. No depende de la distancia de la Tierra al Sol.

Estrella: cuerpo celeste que brilla emitiendo luz. Las estrellas se forman como consecuencia de la condensación de nubes de gas y polvo existente en el Universo.

Excéntrica: es una medida del aplastamiento de una cónica. Cuanto más se separa la órbita de un cuerpo celeste de la circunferencia para adquirir la forma ovalada, mayor es la excentricidad. En el Sistema Solar por ejemplo Plutón (planeta enano) tiene la órbita más excéntrica y es todavía mucho menor que la de los cometas. Se mide con un número comprendido entre 0 y 1.

Fase: porción del cuerpo celeste iluminado por el Sol, que varía con la posición relativa de los astros respecto de la posición del observador desde la Tierra.

Geocéntrico: literalmente significa con la Tierra en el centro. En el caso de un sistema de coordenadas quiere decir que éstas tienen origen en el centro de la Tierra. Como sistema geocéntrico se entiende ese sistema del mundo que sobrevivió hasta los tiempos de Copérnico, según el cual la Tierra estaba inmóvil en el centro del Universo y todos los otros cuerpos celestes giraban a su alrededor.

Geodesia: del griego γη ("tierra") y δαιζω ("dividir") lo usó inicialmente Aristóteles y puede significar "divisiones geográficas de la Tierra". Es una de las ciencias de la Tierra que trata del levantamiento y de la representación de la forma y superficie de la Tierra global o parcia, con sus formas naturales y artificiales.

Guerlac, Henry (1910 – 1982) historiador estadounidense de la ciencia, enseñó en la Universidad de Cornell, Medalla Sarton 1973. Presidente de la Sociedad de la Historia de la Ciencia entre 1957 y 1960. http://rmc.library.cornell.edu/EAD/htmldocs/RMA02354.html

Glick, Thomas (1939) académico estadounidense, enseñó en el departamento de historia de la Universidad de Boston (1972 – 2012), como director del departamento de historia entre 1984 y 1995. Es director del Instituto de Historia Medieval de la Universidad de Boston desde 1998. En 1963 obtuvo una maestría en árabe en la Universidad de Columbia. https://en.wikipedia.org/wiki/Thomas_F._Glick

Gnomón: El gnomón permitía la observación de la sombra durante el año, veía que alcanzaba cada día un mínimo (mediodía verdadero), que ese mínimo variaba de un día a otro y que llegaba al valor más corto en el solsticio de invierno, y el más largo seis meses después en el solsticio de verano. Además, la dirección de la sombra giraba a su alrededor de Oeste a Este, cada día describiendo un abanico cuya amplitud variaba a través del año. Observaría que las direcciones extremas a la salida del Sol o puesta correspondían a las sombras mínimas y máximas, es decir los solsticios. Las posiciones extremas de la sombra hacia el oeste, a la salida del sol, en ambos solsticios, podían señalarse, y la posición media entre los dos extremos, el oeste exacto, correspondía al equinoccio. Observaciones similares podían hacerse al ponerse el sol y se llegaría a conclusiones similares, confirmado las anteriores. La dirección de la sombra al ponerse el sol en la época de los equinoccios sería colineal, pero opuesta a la sombra de la salida del sol durante la misma época.

Halbwach, Maurice (1877 – 1945) psicólogo y sociólogo francés de la escuela Durkheniana. Educado en la Escuela Nacional de París y la Universidad de Gotinga. https://es.wikipedia.org/wiki/Maurice_Halbwachs

Heinzelin, Jean (1920 – 1998) geólogo belga, formado en la Universidad de Gante. Obtuvo fama en 1960 al descubrir el hueso de Ishango en África. https://es.wikipedia.org/wiki/Jean_de_Heinzelin_de_Braucourt

Heliocéntrico: literalmente quiere decir con el Sol en el centro y es el nombre que se da a la teoría elaborada por Nicolás Copérnico (1473 – 1543) en oposición a la geocéntrica (con la Tierra en el centro), que era adoptada desde la época de Aristóteles. La teoría heliocéntrica tardo en afirmarse por la oposición de la Iglesia, que la consideraba una herejía por cuanto iba en contra de lo dicho por las Sagradas Escrituras. El propio Galileo Galilei (1564 – 1642), que, con sus primeras observaciones al telescopio trataba de sostener con sus demostraciones la teoría heliocéntrica, fue obligado a abjurar (abandonar su postura) por la Inquisición.

Helman, Doris (1910 – 1973) fue una de las historiadoras de la ciencia profesionales en los Estados Unidos. Astrónoma y dedicó parte de su vida al estudio de Johannes Kepler y la historia de las ciencias exactas durante el Renacimiento. https://jwa.org/encyclopedia/article/hellman-clarisse-doris

Henderson, Lawrence (1878 – 1942) filósofo, químico, biólogo, fisiólogo y sociólogo formado en la Universidad de Harvard. Conocido por la ecuación Henderson – Hasselbach. Presidente de la Sociedad de la Historia de la Ciencia en 1925. https://en.wikipedia.org/wiki/Lawrence_Joseph_Henderson

Horizonte: se define como horizonte aparente a una circunferencia máxima obtenida haciendo pasar un plano tangente al lugar de observación hasta encontrar la Esfera Celeste. El horizonte aparente es una línea imaginaria. La línea del horizonte aparente divide la esfera celeste en un hemisferio visible y otro invisible. El horizonte visible está definido por la separación entre cielo y tierra.

Instrumento Paraláctico: es un antiguo artefacto se reconoce por varias denominaciones, como por ejemplo "Triquetrum" (nombre que da cuenta que se compone de tres astas o ejes), o "Regla de Ptolomeo" por ser un artefacto sugerido por Claudio Ptolomeo en su tratado "Almagesto" siglo II para medir la altura de la Luna y el paso de las "estrellas fijas" por el Meridiano del Lugar.

Jegues Wolkiewiez, Chantal (1961) Etnoastrónoma (paleoastronomía y Arqueoastronomía) analizo las pinturas rupestres de la Gruta de Lascaux. http://www.archeociel.com/

Lafontaine, Henri (1854 – 1943) jurisconsulto y político belga. Estudió leyes en la Universidad Libre de Bruselas. Autor de varios anuarios legales y de una historia documental. https://es.wikipedia.org/wiki/Henri_La_Fontaine

Lull, José (1972) Se licenció en Geografía e Historia en la Univeridad de Valencia, y en egiptología en la Univerisad de Tûbingen, en Alemania, donde trabajó como auxiliar científico e investigador entre   1998 y 2005, donde se especializó en el periodo del Tercer Perìodo Intermedio y en astronomía egipcia. Se doctoró en 2002, con una tesis titulada *Las tumbas reales egipcias del Tercer Período Intermedio y Época Tardía (dinastías XXI - XXX): tradición y cambios*, que fue publicada como monografía en la *British Archaeological Reports*. Ha ejercido como profesor en las universidades de Valencia y en la Autónoma de Barcelona. En 2006 entró en el comité del Boletín de la Asociación Española de Egiptología. También es miembro del Instituto Valenciano de Egiptología.

https://es.wikipedia.org/wiki/Jos%C3%A9_Lull

Mareas: variaciones periódicas del nivel de las aguas marinas debidas al efecto gravitacional combinado de la Luna y del Sol que se producen varias veces al día. El efecto de marea consiste en dos subidas de las aguas de los océanos que se verifican una en la parte en que se encuentra la Luna y la otra en la parte exactamente opuesta.

Marshack, Alexander (1918 -2004) erudito independiente estadounidense. Arqueólogo y periodista formado en el City College de Nueva York. Trabajo durante varios años para la Revista Life. https://en.wikipedia.org/wiki/Alexander_Marshack

Mieli, Aldo (1879 – 1950) químico, historiador e historiador de la ciencia. Miembro de la Academia Alemana de las Ciencias Naturales Leopoldinas. https://es.wikipedia.org/wiki/Aldo_Mieli

Movimiento aparente: para un observador terrestre, las estrellas se muestran como si estuvieran situadas sobre una esfera que rodea la Tierra. El movimiento de rotación de la Tierra se traduce en un movimiento aparente de 24 horas de duración, durante los cuales todos los astros realizan un giro completo alrededor de un punto móvil que llamamos Polo Celeste.

Movimiento retrógrado: porque se realiza en el sentido de la marcha de las agujas del reloj. Es el movimiento de algunos cuerpos celestes a lo largo de su órbita alrededor del Sol o de un planeta, o bien el movimiento de algunos cuerpos celestes alrededor de su propio eje de rotación. El sentido de la marcha del sistema solar es antihorario, pero por ejemplo Venus gira alrededor de su propio eje en sentido retrogrado, los cuatro satélites más externos de Júpiter, muchos cometas como Halley. Para un observador terrestre, los planetas exteriores a la órbita de la Tierra como Marte, Júpiter, Saturno, en algunos períodos del año parecen moverse sobre el fondo de las estrellas en sentido retrogrado: se trata de un movimiento aparente debido a que la Tierra, que gira en una órbita más pequeña, los alcanza y luego los supera.

 Nova: o nueva, es una estrella que imprevistamente se ve involucrada en un proceso explosivo y aumenta su luminosidad en varios millares de veces en pocas horas. Por efecto de este fenómeno el observador terrestre ve encenderse una estrella donde no observaba nada, o ve aumentar el brillo de una estrellita que antes apenas era perceptible. Los antiguos astrónomos, creyeron que se trataba del nacimiento de una estrella y llamaros a estos astros estrellas nuevas o *novaes*. El mecanismo físico de la explosión de una nova consiste en una inestabilidad que hace expandir rápidamente las capas externas de la estrella. Es preciso el aumento de la superficie la que, junto con la emisión energética, determina el drástico aumento de magnitud.

Neugebauer, Otto (1899 – 1990) matemático y astrónomo austríaco – estadounidense dedicado exclusivamente a la investigación de la historia de la ciencia y en especial de la astronomía. Fue el gran descubridor de la ciencia babilónica. https://es.wikipedia.org/wiki/Otto_Neugebauer

Nutación: pequeño movimiento de vaivén del eje de la Tierra. Como la Tierra no es esférica, sino achatada en los polos, a atracción de la Luna sobre el abultamiento ecuatorial del planeta provoca el fenómeno de nutación. Se superpone con el movimiento de precesión.

Oltet, Paul (1868 - 1944) es considerado el fundador de la ciencia de la bibliografía y de lo que actualmente se considera la ciencia de la documentación. https://es.wikipedia.org/wiki/Paul_Otlet

Órbita: es el recorrido o trayectoria de un cuerpo celeste a través del espacio bajo la influencia de las fuerzas de atracción y repulsión de un segundo cuerpo. En el Sistema Solar la fuerza de gravitación hace que la Luna orbite en torno a la Tierra y los planetas en torno al Sol. La forma de la órbita depende de la Ley de Gravitación Universal de Newton.

Orto Helíaco: primera aparición de un astro luego de su período de invisibilidad.

Perihelio: cuando la Tierra alcanza su máxima proximidad al Sol.

Período sinódico: tiempo que emplea un astro en volver a aparecer en el mismo punto del cielo respecto al Sol cuando se lo observa desde la Tierra.

Polos: son los puntos en los que la prolongación ideal del eje de rotación de la Tierra hacia el Norte y hacia el Sur corta la esfera celeste. A causa del movimiento de precesión realizado por el eje de rotación de la Tierra, también se desplazan. Las estrellas que se encuentran en coincidencia o casi con la posición de los polos celestes se llaman estrellas polares, son de gran utilidad para la orientación, porque indican el punto cardinal Norte y Sur.

Polo Celeste: es un punto de intersección del eje de la Tierra con la esfera celeste.

Precesión: la Tierra al no ser completamente esférica es un elipsoide irregular aplastado en los polos por la atracción gravitacional del Sol y de la Luna y en menor medida de los planetas, sobre el ensanchamiento ecuatorial provocan una especie de lentísimo balanceo en la Tierra durante su movimiento de traslación que recibe el nombre de precesión o precesión de los equinoccios, y que se efectúa en sentido inverso al de rotación, es decir en sentido retrógrado (en sentido de las agujas del reloj). El eje de los polos terrestres va describiendo un cono de 47° de abertura cuyo vértice es el centro de la Tierra. Este movimiento puede compararse con balanceo de un trompo, que, al girar su eje, oscila lentamente mientras se traslada por el espacio.

Rappenglueck, Michel https://independent.academia.edu/MichaelRappenglueck

Reloj de Sol: instrumento usado desde tiempos remotos con el fin de medir el paso del tiempo. Emplea una sombra arrojada por un gnomón.

Rotación: la Tierra cada 24 horas aproximadamente (23hs. 56´), da una vuelta completa alrededor de su eje ideal que pasa por los polos, en dirección Oeste-Este, en sentido directo (contrario a las agujas del reloj), produciendo la impresión que es el cielo el que gira alrededor de nuestro planeta. A ese movimiento se lo denomina rotación, y se le debe la sucesión de los días y noches. Siendo el día el tiempo en que nuestro horizonte aparece iluminado por el Sol, y de noche cuando el horizonte permanece oculto a los rayos solares. La mitad del planeta Tierra quedará iluminado, es de día, mientras que, en el lado opuesto, oscuro es de noche.

Sayilis, Aydin (1913 – 1993) destacado historiador turco de la ciencia. En 1942 obtuvo un doctorado en historia de la ciencia e la Universidad de Harvard bajo la supervisión de George Sarton. Su tesis doctoral se centró en las instituciones científicas del mundo islámico. http://muslimheritage.com/article/memoriam-aydin-sayili-biography-and-account-his-scientific-activity

Sloan, Alfred P. (1875 – 1966) líder estadounidense. Presidente de General Motors. Ingeniero y miembro de la Academia Estadounidense de las Artes y de las Ciencias. https://es.wikipedia.org/wiki/Alfred_Pritchard_Sloan y https://sloan.org/

Stinson, Dorothy (1890 – 1999) académica estadounidense. Decana del Goucher College (1921 – 1947) y profesora de historia hasta 1955. Fue presidente de la Sociedad de Historia de la Ciencia (1953 – 1957). Su investigación incluyó la recepción de la teoría copernicana. Editó una colección de artículos de George Sarton. Presidente de la Sociedad de Historia de la Ciencia entre 1953y 1956. https://en.wikipedia.org/wiki/Dorothy_Stimson

Sudhoff, Karl (1853 – 1938) iniciador de la Historia de la Medicina como disciplina científica en Alemania. Es conocido por sus estudios de Medicina Medieval. https://es.wikipedia.org/wiki/Karl_Sudhoff

Supernova: es una estrella que estalla y lanza a todo su alrededor la mayor parte de su masa a altísimas velocidades. Después de este fenómeno explosivo se pueden producir dos casos: o la estrella es completamente destruida, o permanece su núcleo central que, a su vez, entra en colapso por sí mismo dando vida a un objeto muy macizo como una estrella de neutrones o un Agujero Negro. Este fenómeno de la explosión de una supernova es similar al de una Nova. En el caso de las supernovas la magnitud aparente es de -6 o más.

Tannery, Paul (1843 – 1904) matemático e historiador de la matemática de origen francés. https://en.wikipedia.org/wiki/Paul_Tannery

Toulmin, Stephen (1922 – 2009) Profesor Universitario e Historiador de la Filosofía. Miembro de la Academia Estadounidense de las Artes y Ciencias. https://es.wikipedia.org/wiki/Stephen_Toulmin

Traslación: es el movimiento mediante el cual la Tierra se mueve alrededor del Sol impulsado por la gravedad y en un tiempo de 365 d 5hs 57', equivale a 365, 2422 que es la duración del año.

Vallicrosa, Milla (1897 – 1970) arabista, hebraísta, epigrafista, historiador de la ciencia y traductor español. https://es.wikipedia.org/wiki/Josep_Maria_Mill%C3%A0s_Vallicrosa

Vía Láctea: es la galaxia donde se encuentra el Sol (Sistema Solar y la Tierra). El nombre proviene de la mitología griega y en latín significa camino de leche. Su nombre proviene de la apariencia tenue que tiene la galaxia en el cielo nocturno terrestre. Según la mitología griega es la leche derramada por la diosa Hera.

Weldon, Stehpen Actual editor de *Isis* y de su bibliografía. http://www.ou.edu/cas/hsci/people/faculty/stephen-weldon

Zigurat: construcción mesopotámica que consiste en una torre piramidal y escalonada de base cuadrada y con terraza, muros inclinados y soportados por contrafuertes revestidos de ladrillos cocidos, que culmina en un santuario o templo en la cumbre que se accede a través de una serie de rampas. Fue utilizado por fines religiosos y para observación astronómica.

Zodíaco: es una zona imaginaria de 16° de latitud a ambos lados de la Eclíptica. El zodíaco había sido reconocido por los astrónomos babilonios. La palabra zodíaco procede del griego y significa "casa de animales", por alusión a los nombres de las doce constelaciones. Todos los planetas tienen órbitas cuya inclinación respecto de la Eclíptica es menor de 8°, por lo que dentro del zodíaco se mueven los planetas del Sistema Solar.

Zuidema, Tom (1927 – 2016) profesor de antropología y de estudios de América Latina y el Caribe en la Universidad de Illinois en Urbana- Champaign. Es reconocido por sus contribuciones sobre la organización política y social inca. https://en.wikipedia.org/wiki/R._Tom_Zuidema

Listado de imágenes

Figura 1. Gruta de Lascaux. Salón de los Toros. (Francia). https://reydekish.com/2015/09/07/cueva-de-lascaux/

Figura 2. Pintura de los Toros (Lascaux). https://reydekish.com/2015/09/07/cueva-de-lascaux/

Figura 3. Shaft of the dead man (Lascaux) https://reydekish.com/2015/09/07/cueva-de-lascaux/

Figura 4: Hueso de Ishango. https://lapizarradigitaldextrada.wordpress.com/2011/10/17/el-hueso-de-ishango/

Figura 5. Hueso de Abri de Blabchard. https://prehistorialdia.blogspot.com/2014/01/las-matematicas-en-la-prehistoria-4.html

Figura 6. Hueso Lartet. https://prehistorialdia.blogspot.com/2013/11/las-matematicas-en-la-prehistoria-3.html

Figura 7. Circulo de Groseck. https://factoriahistorica.wordpress.com/2017/08/31/circulo-de-goseck/

Figura 8. Disco de Nebra. https://factoriahistorica.wordpress.com/2017/08/31/circulo-de-goseck/

Figura 9. Stonehege.

Figura 10: Sky goddes Nut as the heavens supported by the air god Shu at this feet the earth god Geb, Deir el-Bahri Papyrus.

Figura 11. Shu y Nut. Cenotafio de Seti I. http://artehistoriaegipto.blogspot.com/2017/01/diosas-de-egipto-segunda-parte.html

Figura 12. Libro de Nut en el techo de la Cámara Sepulcral de Ramsés IV en el Valle de los Reyes

Figura 13. Templo de Hathor. https://www.ancient-origins.es/noticias-general-lugares-antiguos-europa/el-templo-hathor-dendera-el-majestuoso-hogar-la-diosa-egipcia-amor-004033

Figura 14. Cielorraso del Templo de Hathor en Dendera.

Figura 15. Templo de Hathor en Dendera. Alineación con el orto de la estrella Alkaid. Siglo I a. C. Lull, 2006.

Figura 16. Zodíaco de Dendera. Distribución de las constelaciones, decanos e inclinación de la eclíptica.

Figura 17. Zodíaco de Dendera. Principales constelaciones, estrellas y planetas.

Figura 18. Zodíaco de Dendera.

Figura 19. Templo de Abu Simbel.

Figura 20. Santuario en el Templo de Abu Simbel.

Figura 21. Templo de Hatshepsut. Egipto. Flikr

Figura 22. Necrópolis de Guiza. www.nationalgeographic.com. Fotografía de Kenneth Garrett. Cortesía del National Geographic. Imágenes de Colección.

Figura 23. Venus Bifronte entre Pisies y Aquarius en el Zodíaco de Dendera.

Figura 24. Constelación de Meshetiu y la de Anu en el techo astronómico de Senenmut. Tumba TT353.

Figura 25. Constelaciones boreales representadas en el Techo astronómico de Seti I.

Figura 26. Reloj decanal de un reloj estelar diagonal de la dinastía XI.

Figura 27. Instrumento Bay y Merkhyt.

Figura 28. Reloj de Ramses IV.

Figura 29. Reloj de Seti I.

Figura 30. Reloj de Sol de Merenptah. Dinastía XVIII

Figura 31. Enseñanza de la Astronomía. Artehistoria.net

Figura 32. Zigurat de Ur III. Artehistoria.net

 Figura 33. Tablilla de Ammisaduga

Figura 34. Efemérides lunar Babilónica calculadas usando 'Sistema B (Velocidad Solar Varia durante el año)'. La tableta cubre los años 208-210 de la era seléucida (104/103-102/101 a.C). Desde que se tomó esta fotografía, el autor identificó cuatro pequeños fragmentos de la tableta entre las propiedades del Museo Británico y se reincorporó a este gran fragmento. El proceso de identificación y unión de tabletas es una parte importante del trabajo con las tabletas astronómicas cuneiformes. BM 34580 + 42690. © Fideicomisarios del Museo Británico

Figura 35. Gravado del período seléucida S.II A.C. de izquierda a derecha: siete estrellas que representan las Pléyades (la inscripción cuneiforme en medio se lee Mul – Mul, la Luna y el Toro celeste, Gudanna. AACG.google.com.ar/serch.

FIGURA 36. Escuela de Atenas, Rafael Sanzio, Sala Signatura del Vaticano, 1508-11. http://masarteaun.blogspot.com/2011/03/rafael-sanzio-la-escuela-de-atenas-sala.html

Figura 37. Imagen de Alejandro Magno. http://www.culturaclasica.com/?q=node/6395

Figura 38. Plano de la Ciudad de Alejandría

Figura 39. Círculo Solar. WordPress.com

Figura 40. Calculo de la Circunferencia Terrestre. https://es.wikipedia.org/wiki/Erat%C3%B3stenes

Figura 41. Hiparco de Nicea. www.astronomiaeducativa.co

Figura 42. Torre de los Vientos. https://es.wikipedia.org/wiki/Torre_de_los_Vientos

Figura 43. Los vientos. https://es.wikipedia.org/wiki/Torre_de_los_Vientos

Figura 44. Piedra del Sol. https://commons.wikimedia.org/wiki/File:Piedra_del_Sol._Museo_Nacional_de_Antropolog%C3%ADa,_M%C3%A9xico._MPLC_01.jpg

Figura 45. Carta de Estrellas de Dunhag. https://www.instagram.com/stephenellcock/?hl=es-la

Figura 46. Fresco Concilio de Nicea. El Vaticano. https://opusdei.org/es-mx/article/que-sucedio-en-el-concilio-de-nicea/

Figura 47. Esfera Armilar. https://www.astromia.com/fotohistoria/esferarmilar.htm

Figura 48. Astrolabio. https://www.pinterest.es/pin/552676185501096057/?lp=true

Figura 49. Epiciclo. Deferente. Excéntrica. http://weib.caib.es/Recursos/revolucio_cientifica/revolucioncientifica/aristoteles.html

Figura 50. Reloj de Sol.

BIBLIOGRAFIA

- *"Archivos internacionales de la historia de la ciencia",* vol. 134, 1993, pp.135 – 148, muslimheritage.com
- Beckett, W., *"Historia de la Pintura",* La Isla, Barcelona ,2007, pp.128.
- Burke, P., *La revolución historiográfica francesa,* Barcelona, Genisa, 1993.
- Burke, P., *"Obertura: La nueva historia, su pasado y su futuro",* en Burke, P., *Formas de hacer historia,* Madrid, Alianza, 1996.
- Burke, P., *"La historia como memoria colectiva",* Burke, P., *Formas de historia cultural,* Madrid, Alianza, 2000, pp. 65-85.
- Conant, J., *"Historia de la educación de los científicos",* Harvard Library Bulletin, vol. 14, 1960, pp. 317.
- Coant, J., *"George Sarton y la Universidad de Harvard",* Isis, vol. 48, 1957, pp. 302 - 305
- Crombie, A., *"Historia de la ciencia. De San Agustín a Galileo. Siglos XIII-XVIII",* Vol.1 y 2, Universidad de Murcia, Alianza, 1983.
- Febvre, L." *Combates por la Historia",* España, Planeta-Agostini, 1993.
- Fulton, J. *"Sobre el desarrollo de la ciencia VI. El descubrimiento de la circulación",* los científicos de Yale revista Lecturas, The Yale Revista Científica, vol.23, N° 6, marzo de 1949: Chauncy D. Laeke, "John F. Fulton, 1899 – 1960", *Isis, vol. 51,* 1960, pp.560 – 562.
- Galindo Trejo, J., "Arqueoastronomía *en América antigua",* México – Madrid, Conacyt- Equipo Sirius.
- Ginzburg, Carlo. *"Mitos, emblemas, indicios: morfología e historia",* Barcelona, Genisa, 1989.
- Glick, T., *"José María Vallicrosa y la Fundación de historia de la ciencia en España",* Isis, vol.68, 1977, pp.227.
- Hamarneh, S., *"Sarton y el legado árabe – islámico".* Diario de la historia de la ciencia árabe, vol.2, 1978, pp.302.
- Kuhrt, A., *El Oriente Próximo en la Antigüedad,* Barcelona, Crítica, 2000, p. 194.
- Le Goff, Jacques. *"Pensar la Historia",* España, Paidós, 1991.

- Liberani, M., *"El antiguo oriente. Historia, sociedad y economía"*, Crítica – Grijalbo – Mondadoni, Barcelona, 1995.

- Peón, B., *"Estudios de Cronología Universal"*, Imprenta Nacional, Madrid, 1874.

- Sarton, G., *"Historia de la ciencia"*, Vol. 1 y 2, Eudeba, Buenos Aires, 1952.

- Sarton, G., *"Historia de la ciencia"*, Vol. 3 y 4, Eudeba, Buenos Aires, 1959.

- Sarton, G., *"Historia de la ciencia y el nuevo humanismo"*, Espasa – Calpe, Barcelona, 1952

- Sarton, G. *"La vida de la Ciencia"*, Espasa – Calpe, Barcelona 1952.

- Sarton, G. *"Seis Alas"*, Eudeba, Buenos Aires, 1957.

- Stimson, D., *"Dr. Sarton y la historia de la sociedad de las ciencias"*, Isis, vol. 48, 1957, pp.284.

- The University of Chicago Press Journal. www.jounals.uchicago.edu

- Tignanelli, H. *"Tiempo de Astrónomos"*, Buenos Aires, 2010.

- Weldon, S., *"La bibliografía de Isis desde sus orígenes hasta nuestros días: cien años de evolución de un sistema de clasificación"*, Circumscribere 6 (2009).

- Whitrow, M. *"Sarton and the origin of the bibliography. Contemporary bibliography the committe made bibliography"*, The Digital Era, 1993.

INDICE TEMÁTICO

Arqueoastronomía, 9, 101
ASTRONOMÍA ANTIGUA, 9
Astronomía Caldea, **38**
Burke, Peter, 5, 116
círculo de Goseck, *13*
Comte, Algo, *5, 85*
Condorcet, Algo, *5*
decano, *18, 93*
Demócrito de Abdera (460 -370 a.C.), 47
disco de Nebra, *14*
Enópides de Quíos (490 – 420 a.C.), 47
Euctemón (432 a.C.), 48
Febvre, L., 4
Filolao de Crotona (470 385 a.C.), 47
imperio Seléucida, *38*
Kidinnu, 42
Lafontaine, Henri, 4

Leucipo de Mileto (460 – 370 a.C.), 47
Maurice Halbwachs (2003) acerca, 41
Mercurio, *38, 42, 47, 49, 50, 51, 56, 60, 76*
Metón de Atenas (460 a.C.), 47
Nebuchadrezzar, 42
Otlet, Paul, 4, 85
Palabras Claves, 3
Ptolomeo, 3, 40, 48, 52, 53, 54, 55, 56, 57, 58, 59, 61, 66, 67, 90, 101
RESUMEN, 3
Sarton, 3, 4, 5, 6, 7, 8, 18, 23, 38, 39, 40, 41, 42, 45, 46, 47, 48, 49, 50, 51, 52, 53, 57, 60, 64, 65, 66, 68, 70, 84, 85, 86, 87, 89, 90, 91, 94, 117
Tales de Mileto (624 – 548 a.C.), 43
Venus, *37, 42, 47, 49, 50, 51, 56, 60, 76, 78, 80, 103*

I want morebooks!

Buy your books fast and straightforward online - at one of world's fastest growing online book stores! Environmentally sound due to Print-on-Demand technologies.

Buy your books online at
www.morebooks.shop

¡Compre sus libros rápido y directo en internet, en una de las librerías en línea con mayor crecimiento en el mundo! Producción que protege el medio ambiente a través de las tecnologías de impresión bajo demanda.

Compre sus libros online en
www.morebooks.shop

KS OmniScriptum Publishing
Brivibas gatve 197
LV-1039 Riga, Latvia
Telefax: +371 686 204 55

info@omniscriptum.com
www.omniscriptum.com

Printed by Books on Demand GmbH, Norderstedt / Germany